# 広場のデザイン

「にぎわい」の都市設計5原則

小野寺康

彰国社

装丁・デザイン　髙橋克治

# はじめに

様々な土地の文化に触れつつ、まちをデザインすることに喜びを感じているせいだろうか。仕事の舞台は圧倒的に地方都市が多い。

ともかくこの仕事に携わってからというもの、日本が持つ歴史的な資産の豊かさにしばしば驚かされる。地方の方々の多くは、誰に自慢するでもなく先祖代々の家屋や地域に残る遺跡、あるいはふるさとの風景そのものを大切に維持し、後世に伝えていこうとしている。

しかし、一方で自分たちが守っているものの価値を十分に認識されているとは限らないということも知った。意外と聞くのが「そんなにいいですか、これが?」という言葉だ。「毎日見ていると、当たり前になってしまっていますからね」とも言われる。

文化財、あるいは社会資産というものは、失うのは一瞬、しかしゼロから生み出すには莫大な資金と時間を要するものだ。そして、その価値は決して経済評価だけで判断できない。なぜならそれは、活かし方によっては人々にその地域に生きていく誇りと喜びを与えるほどの意味とインパクトを与えることができるからである。

しかしそんな資産を持ったまま、多くの都市が方策を見出せないでもがいている現実も一方ではある。

自分は普段、都市設計家という、一般的にはあまりなじみのない職能を名乗っている。建築家、ではない。日本では、街路や広場、水辺などといった、公共のオープンスペースのデザインはすべて「土木」に属するので、

「土木デザイナー」といっても的外れではないが、海外で同じような職能を探すと、自分のやっていることはシヴィル・エンジニアリングのそれというよりも、ランドスケープ・アーキテクトないし、フランスでいうペイサジスト（風景設計家というような意味）に相当するのだと思う。要するに都市デザインの専門家、まちの設計家ということだ。

ただし、設計家にはいろいろなタイプがあるが、自分はどうも時代の最先端を行くコンセプチュアルな設計家ではない。むしろ最終的には消えていいとすら思っている。自分が創った場所が、あたかもずっと以前からそうであったような風であってほしい。できた瞬間にヴァナキュラー（土着的）でアノニマス（無名性）であっていい。

しかし、それは主張がないとか、あまり造形しないということではない。むしろ逆である。その地に確かな価値を与える力強いアイディアと洗練された造形力、最新の技術が要求されるのである。

自分の創る都市空間は、そんな場でありたいと思っている。仲間内では「職人的」といわれているようだが、設計職人、といわれるのは嬉しい。おそらく自分は、最高に美味しい料理人のような設計家を目指しているかもしれない。

本書は、そんな都市設計家による設計の実践書である。いわゆる研究書ではない。

日本を含め世界中の魅力的なにぎわい空間を視覚的に紹介しながら、にぎわいを創るための要素がどんなところにあるのか、どうすれば魅力的な空間が生まれ、都市に活力が生まれるのかを考察したものだ。設計家による設計家ならではの都市デザインの空間解析書であり、積み重ねてきた経験値がものをいうところの設計理念や、デザインをする上での勘所も織り込みながら、独自の解釈を行ったものだ。むろん書籍にするからにはそれなりの文献をひもといて裏付けを取っているつもりである。

第一章の「思想―都市の活力とは何か」では、日本の都市の現状を設計家の視点でフォーカスし、都市に活力を生み出すにぎわい空間について基本的な考え方を述べている。

第二章の「解読―西欧のにぎわい空間」では、世界中の魅力的なにぎわい空間を時代順に紹介しながら、にぎわいをつくるための空間設計上のポイントがどこにあるのかを具体的に見ていく。様々なにぎわい空間を実際に訪れ、設計者の眼になって解読することで、すぐれた都市空間のポイントを探ろうと思う。読んでもらえれば分かるが、必ずしもすべての事例が空間的に「お手本」になるとは言っていない。反面教師的な空間も中にはあって、ミラノのドゥオモ広場のように、大勢の人が集い賑わっているにもかかわらずネガティヴな評価を与えている空間もある。タイトルで、ある程度それは分かるようにしたつもりだ。それらの空間を否定したいということではない。「にぎわい」という概念の奥の深さのことだと理解してもらえれば幸いである。

第三章「検証―日本のにぎわい空間」では、第二章で解読し、得られた知見を日本の空間文化に対して検証する。都市に活力を与える設計の原則論をここで整理したい。

第二章、第三章では、できるだけ多くの事例を載せたいと思ったが、本書に載っている事例は、その選択からしてすでにかなりバイアスがかかっていることをお断りしておく。

主観的であることは否定しない。ここに挙がっていなくても素晴らしいにぎわい空間というのはいくらでもあるし、そういう意味でもいわゆる研究書とは異なる。ただ、すべて自分で実際に訪れ、空間を体験したものだけを挙げているし、さらには、その空間に設計者（デザイナー）の社会的なメッセージやヴィジョンが感じられるものを選んだ。その場に生きる人間が、自分自身を持って暮らしていける、そんな持続する社会的空間をデザインによって創り出そうという意志――それが感じられるものをセレクトしたつもりだ。自分自身の決して多くはない経験の中からではあるが。

つまりは自分が語りたい空間かどうかということになるのだが、自分としてはその感覚こそを大事にしたい。活力ある都市デザインを成立させる基盤は、まさにそこにあると思うから。

そして、第四章「展開―にぎわい空間のケーススタディ」では、これまで自分が関わったプロジェクトを通して理論の展開と実践を行う。

さらに、デザイン本というからには、造形にタマシイを入れるためのツボも押さえておきたいと思った。コラム「デザインの眼」は、そんな設計家として自分が常日頃から心がけているキーポイントを中心に紹介している。

これらは、どこから読んでもらっても構わない。拾い読みしてもそれなりの知見が得られるようになっている。

実際にまちをデザインすることはむろんやりがいがあるが、その前に、素晴らしい都市空間を体験し、それを解析し考察することもまた楽しいものだ。そんな感覚に満ちた本を書きたいと思った。

――パブリックスペースのデザインは面白い。

そう感じてもらえたのなら、この本を書いた甲斐はある。

最後に、この本は、エンジニア・アーキテクト協会*（以降「ＥＡ協会」）のホームページに二〇一一年四月から二〇一二年七月まで連載された、〈土木デザインノート〉シリーズの第一弾『小野寺康のパブリックスペース設計ノート』をもとに、写真や図版を主体に構成を整え直し、文章も大幅に改稿したものであることを記しておきたい。

〈土木デザインノート〉の企画は、現役のデザイナーによる土木デザイン、特に公共空間（パブリックスペース）デザインの実践的なテキストを編纂する、というのが主旨でスタートした。しかし、その連載のタイミングが、あの東日本大震災と重なったために、自分の中の全てのパラダイムがシフトしてしまった。

当時は、この大事ににぎわいだの景観だのといった一般的なデザインの設計論など書いていいのかと動揺し、実際、企画自体を取りやめようかとも思ったが、自分にできることを精いっぱいやるべきだと開き直り、初心に帰って、これまでの経験から自分自身のデザイン論を書いた。

その一方で、技術者としては幸運なことに、日常の設計業務で岩手県大槌町の震災復興事業に関わる機会を得た。震災復興など経験したこともない自分たちに何ができるのか、戸惑いながら始まった業務だったが、意外にもその中で、今まで培ってきたまちづくりや住民参加のノウハウ、都市設計的な感性が決して無意味でなく、むしろ有用なものだということに気付かされるようになった。

そんな思いの中で懸命に書きつづった連載だったが、結局ややとりとめなく書き散らかした感が否めなかった。改めてこの本に取り組んだのは、そのことに決着させたかったからである。

本書を書き上げた今でも震災復興はまだ途上であり、その後、宮城県女川町の復興にも関わることになったが、振り返ると、ＥＡ協会の連載から本書の執筆にかけて、常にそれら復興事業と重なったのも、自分では何か意味があると思いたい。この本には、わずかでも社会の役に立ちたいという願いと、都市設計家としてこれまで研鑽してきた技術や知識を一度すべて検証し再構築したいという思いが込められている。

ともかく、まずはどこからでもいい。ページをご開帳いただきたい。

平成二十六年八月吉日

小野寺 康

＊「エンジニア・アーキテクトengineer architect」とは、総合的なまちづくりや公共空間デザインの領域における専門家として、エンジニアリング（技術）をベースとするアーキテクト（統合家・意匠家）という意味である。公共空間というか土木専門のアトリエ（小規模設計事務所）を中心に活動の主軸としてネットワークをつくろうということで、仲間を募って二〇一〇年に、ＥＡ協会は結成された（会長は東京大学名誉教授・篠原修）。

目次

# 第1章

# 思想

## ―都市の活力とは何か

## あえぐ都市

都市があえいでいる。

それは、地方都市を中心に様々な地域でまちづくりや景観設計、デザインを積み重ねてきた設計家としての重く深い実感だ。

区画整理によって画一化されてしまった街並み。郊外にロードサイド型の店舗が林立し、大規模な複合商業施設に人々は個々に車で向かう。大量生産された画一的な商品の中から、売り手と会話のないまま品物を選んで購入し、そのまま家路につくという光景は、日本全国どこでも日常的なものになった。

一概にそれが悪いといっているのではない。ただ、その結果、昔ながらの地域商店街から人々の足は遠のき、かつてまちの中心としてにぎわったアーケード街も人通りはまばらでシャッターが下りた店ばかりとなってしまった。中心市街地は空洞化し、若者はまちを出るとそのまま帰らずに都心に就職口を求めるようになるから、後継者が不足し、さらに活力が低下していく。

そういう地方都市は本当に多い。

日本中の多くの都市で中心市街地は活力を失ってしまった。「地方の時代」と呼ばれながら、長期にわたる中央集権体制の反動から、自ら方途を考える筋力を鍛えてこなかったツケが今になって廻ってきて、地方都市は目指すべき都市像を見失い、活力の低下に直面している。

歴史ある城下町や宿場町といった、今なお豊かな自然風景、伝統的な街並みや建造物、土木遺産など多くの資産が残されているまちですら、少なからず課題を抱え込んでいる。まちなかに資産があっても、多くの住民は自分たちのまちの価値に気付いていないか、あるいは気付いていても維持する資金に困窮し、活用の手立ても見出せずに持て余しているというケースが少なくない。今この瞬間にも、そうして社会資産は朽ちていく。

確かに歴史を継続させるにも金は掛かる。多くの都市では、行政がそれを助成して何とかしのいでいる。しかし、活力の弱まったまちでは

雑然とした駅前景観

閑散とした建物が並ぶ都市計画道路

人通りのない地方幹線

老朽化した商店街

失われつつある歴史的町並み

財政的にも限界はあるし、さらに戦後の高度経済成長期に整えられた建築基準法の縛りもあって、伝統家屋の維持、建て替えには、特別な工夫がなくては成立しない状況になってしまった。

家屋だけではない。土木遺産や農村・漁村といった文化的景観も危機に瀕している。

さらに問題なのは、経済至上主義に飼いならされてしまった価値観かもしれない。「そんな古くて時代遅れ」の産物は、金にならない限りは価値がなく、取り壊して新しいものにつくり替えてしまうべきという経済原理は、今の日本ではひどく説得力を持ってしまうから、そういう方向に予算は安易に付いていてしまう。

こうして少しずつ、しかし確実にふるさとの風景は壊れていく。かつて風情あった街並みは、壊れた櫛《くし》のように歯抜けとなり、次第に耐火性能も十分な新建材で覆われた、安心・安全・清潔な、しかしどこにでもあるプレファブリケーションの建物にすり替わっていく。失われたその資産こそ、そのまちの起死回生の希望だったかもしれないというのに。

都市の活力とは何か。まちづくりとして本当ににぎわいを生み出し、あるいは誇りを持って地方文化を継承していく状況を創り出すことは可能なのか。今、その具体的な方法論が求められている。

——一方で、希望もある。

世界遺産や文化的景観という、これまで顧みられてこなかった伝統的なものや生活・生業の文化に価値が見出され、実際それが新たな経済効果を生み出すことに注目が集まっている。人々のまちづくりへの関心も高まりつつあり、再生への新たな指針が求められている。

今の地方都市は、首長以下職員が、状況に気付いて手を打てるか、あるいは手をこまねいて見逃すかの二極化する傾向にある。それが様々な地方でまちづくりや景観、都市デザインを専門にしてきた設計家としての実感だ。

## 小さなスイスの村で

もう一つの実感は、実は、手の打ちようがない都市というのは案外ないものだということだ。むしろ、活力を失うはずがないのになぜこうなってしまったのか、とよく思う。美しい水辺や、櫛の歯は欠けているかもしれないが情緒ある伝統家屋が少なからず残っているのになぜ、と。

そんなときスイスの小さな村の光景を思い出す。

大学院に入って一年目の夏に、交換留学生制度というのを使ってスイスの園芸農場で二か月ほど働いたことがある。チューリヒから五〇kmほど西にある、小さなその村に農場はあった。農場内の寮に住み込み、自炊が基本だったので週に一度は近郊の町に自転車で買い出しに行った。村の中にも店はあるにはあったが、ミルクスタンドが一軒、パン屋が一軒、パブが一軒と、何でもすべて一軒という状況だった。だから農場仲間で飲みに行こうということになると店を決める必要はなく、自動的にその一軒のパブに行くことになる。薄暮の中、いつも店は満員で客が外にあふれ出し、近所の親爺たちも一緒になってビールを飲みながら談笑していた光景を思い出す。

その村は、確かに便利ではなかった。しかし貧しい雰囲気もまるでなかった。むしろ豊かだったという印象がある。少なくともそこに暮らす人々の顔には、いじけたところがどこにも見えなかった。

その農場に夏休みを利用して働く地元の中学生がいた。あるとき何気なく彼に「君は将来何になるの?」と尋ねてみた。すると彼は、即座に「僕はファーマーになる」と答えてくれた。そのすがすがしい声に、妙に感銘を受けたものだ。今の日本で、こんな風に気持ちよく農家になるんだと返してくれる青年がどれほどいるだろうと思った。

農場の研修期間が終了し、その後一か月ほどユーレイルパスを頼りに西欧諸国をぶらぶらと巡り歩いた。都市の活力とは何か、ということをそのときからずっと今日に至るまで考え続けてきたように思う。

その後、社会人になっても極力旅に出るようにした。欧州が多く、アジア圏や環太平洋などの諸都市も多少は視た。そんな体験が今の自分を支えてくれているのだが、やはりその中でも、あの二か月を過ごしたスイスの村の光景、その人たちとの会話が自分の価値観の基準となり、また財産となっている。

東京で都市デザインの設計事務所に就職し、その後独立する過程において、様々な日本の地方都市を訪ねる機会を得たが、少なからぬ頻度で不思議に思うのは、冒頭で述べた通り、なぜこの都市は疲弊しているのかということだった。スイスのあの村に比べれば、多くのものを既に持っているではないか、美しい地勢や水辺、あるいは魅力的な街並みや伝統産業がまだあるではないか、と思わざるを得ないのだ。

## 「夢」はどこにあるのか

まちづくりに呼ばれると、そのまちの中心市街地に活力がないのは郊外の大型店舗の存在が原因だとしばしば訴えられる。そして買い物客は自動車で来ると思い込んでいて、街路の構成が悪いから人は来ないとか、駐車場を増やすべきだという意見をよく聞く。

また、そういう結果が出ていない状況では、住民は行政に対してあまり信頼を置いていない場合が多い。行政に期待なぞしていないとか、あるいは逆に行政の能力不足がこの事態を招いているという意見が出されるのは、聞いていてあまり気持ちのいいものではない。行政マンも懸命にまちを立て直そうとしているのだ。

行政と住民が対峙してしまうと、住民からは「要望」が出され、行政はあからさまに否定もできずに口籠もってしまい、それがさらに不信を生むという悪循環に陥る。

そういう場合における自分の役割は、デザインで状況を打開することなのだが、いつも心掛けているのは、くどくど説明したりしないことだ。「説得」もしない。言いくるめるなぞはもってのほかである。

そして、デザインを語るというよりは、それを通じて「夢」を語ることにしている。

これからあるべき都市のヴィジョンを。

物質ではなく、時間という豊かさを。

つまりは空間という質がどこにあるかという可能性を。

都市の活力は、必ずしも経済性の中にはないのではないかという「夢」を。

都市の活力とは何か、というこの問いから、自分は都市設計家として、常に逃げたことはない。これまで自分が手掛けてきたパブリックスペースでは、結果として人々が集いにぎわうようになり、経済が活発化してきたという自負はある。

だが、結論としていえることは、経済的な活性化、それ自体は目的にならないということだ。なぜなら、都市の活力の正体はそこにはないのだから。

## 都市の活力とは何か

都市に「にぎわい」を創るには、それを目的そのものにしない方がいい。

経済的な発展や活性化、それ自体を目的にまちづくりはできないし、しない方がいいというのが、都市設計家としての自分自身の結論である。

一般的な公共事業、つまりパブリックスペースのデザインでは、整備の目的として「活性化」や「にぎわい」という言葉が好んで使われる。その「整備イメージ図」によくあるのは、完成した施設にやたらと人が押し寄せ、笑ったり騒いだりしながらイベントらしきものを楽しんでいる風景だ。空に風船が舞い、気球や飛行船が飛んでいたりする。

そういう風景が「にぎわい」であるということを一概に否定する気はないが、どうも素直に同調できない。そもそも、この「にぎわい」という言葉が危ないし薄っぺらい。商業主義的な軽さにまみれている。

経済力の増進だけが「活力」ではないし、にぎわいのすべてではない。少なくとも自分が創出しようと願うにぎわいとは、必ずしも経済活動が活発化すること「だけ」ではない。

都市の活力とは何か、ということから始めなければならない。

## シャッターが開いた商店街

愛媛県松山市に、松山城に登るロープウェイ乗り場があるところから命名された、「ロープウェイ通り」という商店街がある。整備前は、歩道付きの両側通行道路で、アスファルト舗装に路側線が描いてあるだけのどこにでもある道路にすぎなかった。この車道を一方通行化して一車線にし、かつスラロームにして通過交通を抑制しつつ、両側歩道を広くし景観整備するというのが、松山市の整備メニューであった。

このデザインを、篠原修（東京大学・当時）、羽藤英二（東京大学）の両教授および、ＩＤデザイナーの南雲勝志と一緒に手掛けた。（敬称略。以下同様）

我々は、スラロームの線形を調整し、歩車道の段差を完全になくした上で、舗装、照明すべてをデザインし、街路をリニューアルしたのだが、その結果、人の流れが変わり、テナントが増えて、閉ざされていたシャッターが文字通りすべて開いた。市全体の地価が微減する中、この通りだけ地価が上がった。松山市の成功事例であり確かに「活性化」した。設計者として嬉しくないはずはないのであって、名誉なことだと思う。

だが、自分たちは商業の活性化を目的としてデザインしたわけではない。もしそうであれば逆にうまくいかなかったろうと思う。

整備されたロープウェイ通り（松山市）

整備前のロープウェイ通り

視認性や歩きやすさといった機能的な条件はもちろん押さえた。その一方で、松山城へ登るエントランスとして、地元が持っている「誇り」にふさわしい姿を整えることが重要だった。煉瓦と御影石で路面を敷き詰めたのも、それが目的なのだ。

島根県出雲市にある出雲大社の表参道「神門通り」も同様だ。

第4章の「ケーススタディ」で詳しく述べるが、それまで通過交通に押されて歩行者の居場所がなく、疲弊していた参道商店街を、「シェアド・スペース」という手法で歩車共存の空間に転換させた。さらにデザインで歩行者主体にシフトさせた。

しかし、ここでも考えていたことは「歩行者空間の強化」というようなものではない。伊勢神宮と比類する存在である、出雲大社にふさわしい参道景観を創出することで、地域の人々にこれからもその地で暮らし続けていく勇気と希望を与え続ける造形とは何かを考え続け、それに機能デザインを重ね合わせたというのが正しい。

歩きやすい空間に転換させることはできると確信していた。歩行者が増えれば沿道の商業は活性化するということも。しかし、そこで終わってしまっては都市設計家としての職能は十分ではない。そして、そこで終わらせないところに自分たちが目的とする、最終的な「にぎわい」の姿があるのだ。

## 「誇り」をデザインする

そもそも経済が活性化することがにぎわいなのかという話をしなければならない。

昨今公共事業は、整備効果をB／C（費用対効果）で事前に数量化し、コストよりベネフィットが上回らなければ事業のゴーサインが出ないということになっている。たとえば、道路整備の場合のベネフィットは、「走行時間の短縮」、「走行費用の減少」、「交通事故の減少」の三項目であり、治水事業などは、災害時に想定される被害額と比べる。これをまちづくりにも無理やり適用しようとするのはナンセンスとしか言いようがない。

地元の意向といった、数値化できなくとも重要なものがあるわけだし、公共事業こそプライスレスな価値を否定しては成り立たないはずだ。

儲かることは重要だ。しかし、まちづくりで、経済性が最優先である、儲からなければ整備する価値がない、とまで言い始めるとなれば話は別だ。

——にぎわいのある空間を創るということ。

それは要するに、人が人として生きられる場としてのあり方の話として捉えねばならない。そのまちのその場に生きているという、肯定的な実感がそこにあるか。そんな情感が共有できる場になっているか。実存的価値、と言い換えてもいいが、先のロープウェイ通りにしても神門通りにしても、設計者として考えていたのはそんな手応えのことだった。

地域の人たちの暮らしが持続するためには、「誇り」が必要なのだ。そして、経済的な活力はそこに付いてくる。そして、それを実現するのがデザインの力というものだ。

## パブリックスペースのデザイン

本書の対象は都市空間の中のいわゆる公共空間、パブリックスペースである。

「パブリックスペース」とは、いうまでもなく誰もが利用可能な公的な場を意味し、一般的には道路や広場、公園といった外部の開放された空間という意味で使われることが多い。病院や学校、劇場といった施設の内外空間や、船舶や航空機といった公共交通の内部空間もパブリックスペースだが、ここではそこまでの意味では使わず、都市のオープンスペースという一般的な意味で、人間活動、そのにぎわいや活性化をつくりだす空間のあり方として書き進めたい。

豊かな空間とは何か。人間が生きる手応えのある場所のデザインとはどうあるべきか。それが本書のテーマとなる。

ルイス・カーンは、建築は人々に喜び（joy）を与えなければならないと述べたが、この理念は、いかなる時代、いかなる境遇においても変わらない普遍的な価値であり、パブリックスペース設計の本義だと思っている。しかし、実際の空間づくりには、経済性や文化性、社会性、歴史性、国家・地域の論理ばかりでなく、人間の持つ偏見や情念・欲望、あらゆるものがファクターとなり、さらに公共空間の場合、そのプロセスにおいて意思決定者が一人とは限らず、複数の関係者間で調整を図るうちに、いつの間にか本来の理念が見失われるということが少なくない。

人間の生きられる場所、空間づくりには、本来どのような方法論がふさわしいのかを考えるとき、「設計」は、「デザイン」と同義で置き換えられる。それは単に表層の意匠をいうのでなく、総合的なビルディング・プロセスとしての計画・設計行為を指しており、形を決定する行為全般を意味している。機能性、合理性、経済性と、快適性や美意識を、同じレベルで、同時に考えるというスタンスでこの言葉を使いたい。

デザインとは、最終的にはある形態に物量を落とし込むことだ。

だから当然「形」は、重要となる。しかし「形」が、重要なのではない。

その奥に息づく空間のコンセプト、それが社会に働きかける「意味」こそ重要であり、形態のその奥に、その土地に生きる人々の暮らしぶりや想いのイメージが生き生きと息づいているかが問われなければならない。

そんな価値観から書き始めようと思う。

column

デザインの眼 1

# 人を主役にする

大学でパブリックスペースの設計演習をやると必ず出てくるのが、オープンスペースの真ん中に、ぽつんとモノを持ってくるという、日の丸のような配置だ。しかもなぜか噴水と高木が多い。こういう配置が出てきた場合、何が問題なのかという議論をすることにしている。

この配置は「誤り」ではない。日の丸配置が問題なのは、シンメトリーで動きがなく形がつまらないということももちろんなのだが、それよりもむしろ、「モノ」が空間の主役となり、人間がその従属的存在にならざるを得ないという点にある。

ためしに、中央にあるその噴水や高木を、中心からわずかにシフトしてみるといい。途端に空間に「動き」が出てくる。人間の集い交錯するオープンスペースと、噴水のまわりに溜まる場が現れ、人間のアクティヴィティを誘発する「場」が形成される。場の中で、人間が主役となるのだ。

「日の丸」配置で空間をデザインしたつもりになっていた者は、実際に人間がその空間の内部で実存的に生きるという洞察に乏しい場合がほとんどだ。そこが問題なのであって、それは活力を重視するパブリックスペースにとって致命的なのである。

パブリックスペースのデザインにおいては、造形が主役になるのではなく、場の上で人間が主体に浮かび上がることが重要だ。モノではなく、人間活動（アクティヴィティ）を重視したい。

断っておくが、空間の中央に施設を置いては

「ならない」といっているのではない。置くとどうなるか、その意味と効果を認識することが重要なのだ。

空間の中央にモノが置かれても成立している例として、たとえば、リヨンのレパブリク広場《place de la République》は、中心部に噴水を持っているが、むしろその水景がにぎわいの焦点となっている。弾道のような噴水が低く飛び交い、水音がまちの喧騒を締め出す。

この水景は、空間に求心力を与え、周囲からここに視線を交錯させることに成功している。しぶく水の向こうに人々の姿がちらちらと見え、互いに姿が見えても、水景越しなので不快にならない。この広場の主役は確かに水だが、人の活動をむしろ活性化させているのである。

中央に噴水を持つレパブリック広場。低く飛ぶ噴水の水は、訪れる人々の姿を隠さない。水景がにぎわいの焦点となって空間に求心力を与えている（フランス・リヨン）

column

デザインの眼 2

アーレ川とベルン大聖堂の風景。それを眺められる場所に用意された「最小公園」（スイス・ベルン）

# 座る造形① 人間のためのベンチ

人間のための空間、その最小単位といえば、「椅子」だ。

「眺めのいいところに椅子を用意する」というのが、居心地のいい空間づくりの基本だとすると、スイスの古都ベルンの旧市街を見下ろす森の中のベンチのように、実に素っ気ない椅子であっても、並木の合間に山を背にして眼前を開くその配置と、足元にプレキャストコンクリートの平板がフットレストとして敷かれているだけで、〝人間のための空間〟は成立する。これは、デザインというより、ささやかな作法感覚のようなものだ。

実はこの配置、「眺望《prospect》―隠れ場《refuge》」的な空間構成である。

この概念は、地理学者のジェイ・アップルトンが、著書『The Experience of Landscape』の中で使った。いわば人間は、守られた安全な場所（隠れ場）から周囲をよく見渡すことができる（眺望）環境を好む、という仮説である。その是非はともかく、何となく納得できる構成ではないだろうか。眺望を開きつつ、空間的に守られた場所を持ったシチュエーションを形成すれば、ある程度「居心地のいい」場所はデザインできるということだ。

そして、この構成はベンチに限らず、場所全体、空間全体に応用が可能だ。

ポルトガルの古都ポルトは、旧市街全体が世界遺産に登録されているが、ドゥロ川に面したその岸辺に、街灯とともに並べられたベンチは、建物を背面に持ちつつ、ドゥロ川へ眺望を開く、定石通りの「眺望―隠れ場」配置になっている。

世界遺産リベイラ地区側のベンチは、片側だけハイバックのデザインで、水辺を眺められるように照明柱と並んで配置されている（ポルト）

片側だけハイバックという珍しい型は、水辺を向きながら、一方で建物側へも完全に背を向けない意図だろう。

一方、この対岸は、ポルトワインの醸造所が立ち並ぶ産業地区だったが、近年モダンなウォーターフロント・デザインで一新された。こちらは、桜色の小舗石と白御影の平板によるストライプが水際を飾るミニマル・デザインである。並木が車道との境界線に置かれ、その間に駐車スペースが切り込まれつつ、この配置によって、水辺空間全体がまず、「眺望―隠れ場」構成となっている。

ストリートファニチュアのデザインは、シンプルな直線的なものだが、形や配置はモダンでも、すべて石や木、鉄、コンクリートといった自然素材で構成されており、色彩もモノトーンで控えめで、素材感が生きる形だ。足元にはフットレストの平板が置かれ、人の休む場としての定石が守られている。

このポルトの両岸のデザインは、座り心地という以上に、まちと水辺を関係付ける装置として機能しているのだ。

リベイラ地区対岸の水際プロムナードに配置されたストリートファニチュア。モダンな造形は、旧市街の景観とコントラストを形成する。ファニチュアそれ自体がオブジェとなって空間にアクセントを与えるようにちりばめられているが、自然素材で構成され、フットレストの石板が置かれるなど、居心地をよくする定石は守られている（ポルト）

ヘルシンキ現代美術館（キアズマ）とその前面に広がる壇状緑地では、エッジに木製のベンチが組み込まれているが、それ以外にも腰かけたり、寝転がったりなどの様々なアクティヴィティを呼ぶ造形がバランスよく散りばめられている

# 第2章

# 解読
## ―西欧のにぎわい空間

# 2-1

*01* ドゥオモ広場とチステルナ広場
*02* カンポ広場
*03* エズ村とサンポール村
*04* エルベ広場
*05* サン・マルコ広場
*06* セルヴィ通りとサンティッシマ・アヌンツィアータ広場
*07* シニョーリア広場
*08* ドゥカーレ広場
*09* カンピドリオ広場
*10* ドゥオモ広場とガッレリア
*11* コンドッティ通りとスペイン広場
*12* ナヴォーナ広場
*13* サン・ピエトロ広場
*14* ヴォージュ広場

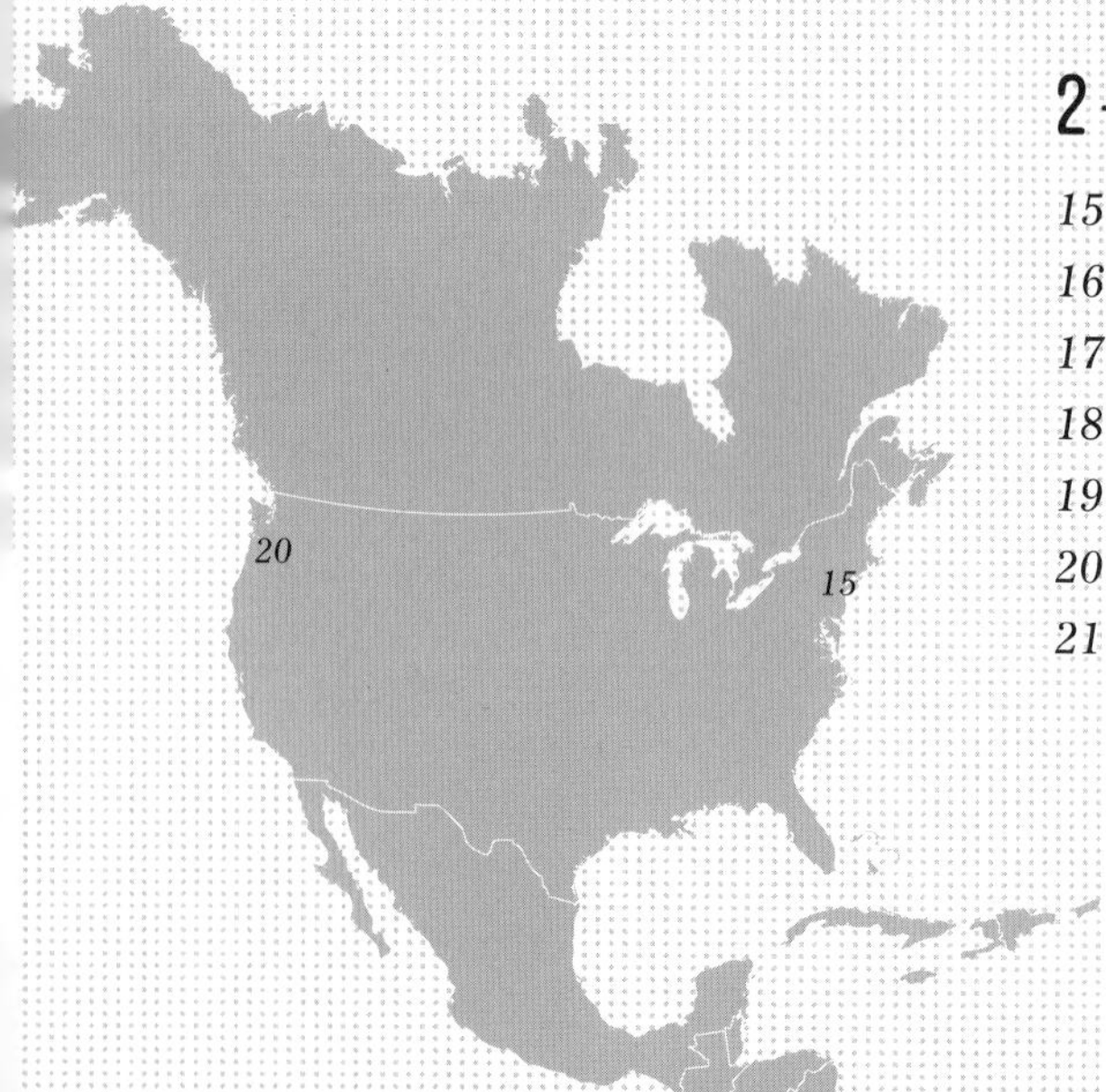


# 2-2

*15* ペイリーパーク
*16* ハウプトシュトラーセ
*17* 芸術高架橋
*18* ベルシー地区再開発
*19* ローヌ河畔プロムナード
*20* ポートランド
*21* 森の墓地「スクーグスチルコゴーデン」

## 都市に居間を持つ人たち

それは確か、グラナダかセビリアの、さほど有名でもない小さな広場だったと思う。

夜もやや更けた月明かりの下、建物のスカイラインだけが浮かび上がっていた。そんな広場の一角にカフェレストランがあり、屋外の席で地元の家族連れが数組、連れ立って食事をしていた。レストランの内部から照らし出された灯りが逆光となって談笑する人影を浮かび上がらせ、こぼれた光が路面を掃くように照らしていた。大人たちがワインを飲みつつ静かに、けれど陽気に語り合っているその横で、子供たちが広場で駆け回り嬌声を上げていた。

夏の欧州の夕暮れは遅い。夜更けまで人々はまちで過ごす。それでも、こんな時間に子供たちが外で遊び、大人たちがその横で食事をしている。その光景が新鮮だった。

——家ではなく、都市の中でこの人たちは暮らしている。

そして、そのための場として、広場がある。

この光景は、数百年を超えて繰り返されているのだということが、突然印象的に実感された。パブリックスペースというものの意味や価値に興味を持ったのは、その瞬間だったかもしれない。

あの夜の広場の光景を見て、人間のアクティヴィティを受容し、あるいは生成する舞台としての広場が、これからの日本の都市空間にも求められてくると思えたし、この豊かさや楽しさを、日本の都市空間にもどうにかすれば創れるのではないかと直感した。卒業して都市を設計するアトリエに就職をしたのもそんな想いがあったからだ。

結局のところ、自分は都市設計家という職能を選んだときからずっと、「にぎわい」なるものをいかに生み出すかに腐心してきたのかもしれない。第1章でも述べたように、都市設計家としての自分が追求する〝にぎわい〟とは、人がその都市で自分らしく生きているというアクチュアリティ(実感)が活力を持って生み出される状況のことだ。生きている実感がそこにあるかどうか。経済的な活力も、むしろそこに付随してくるという感覚が自分にはある。

都市デザインを志した初期に西欧都市を巡り歩いていたころ、数百年を経て今なお活力を失わない歴史的な広場空間に魅力を感じ、その造形論について興味を持ったのもそこに動機がある。

## 西洋と日本、にぎわいの形の違い

槇文彦が著書『見えがくれする都市』[*1]の中で、西欧の都市構造を「中心―区画」になぞらえ、日本のそれを「奥―包摂」と表現した。オギュスタン・ベルクも『空間の日本文化』[*2]でこの著述を引きながら、さらに「伝統的な日本の都市における広場の欠如」と、「日本の都市の場合、西欧では広場で繰り広げられる活動が、一般に街路を舞台に行われる」点を指摘する。

西欧の都市集落は、古代から宗教施設や行政施設という、いわば精神的中核と政治経済的中枢に寄り添うように広場を造形して、概念的な「中心」を都市に形成し、その周囲に区画、つまり市街を形成するという空間構造を持っている。教会と市庁舎、それらの前につくられた広場が、都市の「中心」的施設である。

これに対して日本の都市は、城下町であれば城郭を基点として、河川や土塁などで城塞を築きつつ、中心というよりは、それを象徴的な「奥」として、集落はヒエラルキーを伴って、ゾーニングされ計画的に配置される中、深奥部に向かって多層に包み込むよう取り囲んできた。

公共性の高い拠点的な施設があり、そのまわりに人間活動（アクティヴィティ）が収斂する舞台的な場の代表が、欧州では広場だとして、日本の空間文化でそれに相当するのは大路（つまり広幅員の街路）や寺社の境内、あるいは名所と呼ばれる景勝地や河川敷（河原）や橋詰であったろう。

しかし、それにしたところで寺社の境内は必ずしも都市に開いておらず、またそれは、「常に」都市のにぎわいを受け留める施設ではない。「かわらもの」が集う河川敷は、にぎわいの中心だったかもしれないが、ハレとケガレが背反的

＊1 槇文彦ほか著『見えがくれする都市』鹿島出版会

＊2 オギュスタン・ベルク著、宮原信翻訳『空間の日本文化』筑摩書房

に共存する都市外縁部の異界であり、欧州の広場とは相当にニュアンスが異なる。

――異なる？　本当にそうだろうか？

少なくとも「にぎわい」の様相に違いはあるのだろうか。

日本に広場的な場所がかつて存在せず、それは彼我の歴史文化の相違によるものだというなら、現代においても西欧広場のようなにぎわいの溜まりを今の日本の都市空間に実現させることはできないということになる。

本当にそんなことがあるだろうか？

日本の風景の中で、街角で、人々が集い、生きた実感をもって持続する、そんな場を創り出すこと。それは都市設計家という職業を選んだそのときからの命題であった。たとえば西欧広場のようなにぎわいを、日本の都市に同様の「質」で創り出すこと。

おそらくそれは、形態的な模倣では得られない。同じ形の広場をただ造営しても、同じにぎわいは生まれないのは当然だ。なぜなら空間造形は、その土地の風土と歴史、文化という文脈の上に描かれるべきものだからだ。

現代日本の都市文化に呼応した新たな空間造形があるはずだ。そんな可能性を見極めたいと思ってこれまで様々な都市で設計を続けてきた。

都市設計を職業とし、手探りで自分なりの設計理論を追求する中で、しばしば西欧広場の構造は羅針盤になってくれた。にぎわい空間の「組み立て」が分かりやすいのだ。そのため、そこから日本の空間文化を見直す機会にもしばしばなり得た。

と、えらそうなことを言っているが、所詮は、海外に行くと日本を客観視できる程度のことかもしれない。ともかく、まずはそんな西欧広場を中心に話を始めたいと思う。

## にぎわいの造形論としての『広場の造形』

都市の造形を考える上で、にぎわいの空間、その構造を考えるきっかけとして、絶好のテキストが実はある。オーストリアの都市計画家カミロ・ジッテが一八八九年に著した、『広場の造形』*である。空間造形の理論書として一世紀以上も読み継がれてきたものだ。

この本はイタリアを中心とする中世からバロック期の広場を中心に、広場の視覚的効果という観点から、その芸術性と建築的造形原理について論じたものだ。だが、その評価軸は、現代の我々から見ると「にぎわいの空間構造」としても読み取ることが可能なものとなっている。

それを示す上でも、この著作が出版された時代背景について少々触れておく。

一八八九年といえば、フランスではナポレオン三世の帝政下でオースマンのパリ改造が完了したころであり、産業革命によって鉄道が普及し始め、パリでも郊外鉄道とその駅が市内に導入されようとし、都市構造を改革する議論がかまびすしい時代であった。

当時ロンドンでは既に地下鉄が完成していたし、ヨーロッパの多くの都市で街路網は馬車から鉄道、自動車へ重心を移して編成し直されつつあった。

いわば近代文明の黎明期から活性期に差し掛かったその時代、急速に変貌しつつある都市景観のただなかでジッテはこれを書いたのだ。

ジッテが賛美した広場の多くは、中世後期(ゴシック期)からルネサンス、そしてバロック期のものである。出版したその年に重版され、三年以内に第三版が出されたというからその反響は大きかったといえるだろう。

だが、その時代に中世への関心が高まっていたかというと決してそういうことはなく、むしろ全く逆のベクトルだった。

この書は、オースマン的な都市改造のあり方に異議を唱えた形で出版されたといっていい。実際にジッテはこの本の中で、パリのオペラ座は都市軸のアイストップとして交差点に突き立てるより、これを主景観として囲い込まれた歩行者広場を構築すべきと訴えた。それが実践されることがなかったのはいうまでもない。

しかし今、改めて現代の眼で『広場の造形』を俯瞰すると、技術革新のただなか、近代化に移行しつつある都市に既に見えつつあった、画一的な単調さと芸術性への無関心に警鐘を鳴らし、

＊カミロ・ジッテ著、大石敏雄翻訳『広場の造形』鹿島出版会

単体空間の魅力、そのニュアンスこそ、人が生きる場としての資質であるという価値観が見てとれる。人が自ら生きることの意義・意味を見出せる場こそが価値であり、空間芸術の眼目であるだろうという、そんな想いに突き動かされて書かれたように思えてならない。

そして、その普遍的価値観があるからこそ、百年以上の時を超えてこの著書は読み継がれているし、ジッテの広場論は、「にぎわい」のデザインの方法論としても読めるのだ。

## ジッテの五原則を「にぎわい」のデザインとして読み替える

前置きが長くなったが、著書の中でジッテは、数多くの事例を引き出しながら、優れた広場の条件として、いくつかの項目を提示している。

目次のままに拾うと、

・広場の中央を自由にしておくこと
・閉ざされた空間としての広場
・広場の大きさと形
・古い広場の不規則な形
・広場群

これをにぎわいの原則論として見直してみると次のようになる。ちなみに括弧内は自分が書き加えたものだ。

**① 広場の中央を（アクティヴィティのために）自由にしておくこと**
**② 閉ざされた（つまり領域性の優れた）空間であること**
**③（主景に対し適切な）広場の大きさと形を持つこと**
**④ 不規則な形態であること**
**⑤ 広場が群で構成されていること**

先に述べておくと、本書の第3章でこれを下敷きに、日本の空間文化に立脚した「にぎわいの五原則」を再構成する。

①はいうまでもない。中央にオープンな空間を用意しなければ、にぎわいは生まれづらいという、当たり前のことをいっている。

実は近代都市計画以降、広場は都市の街路網の一部となり、人間のための空間ではなくなった。パリに代表される、オベリスクの立つ星形の交差点広場と放射状街路の構成がそれだ。都市を飾る、モニュメンタリティが優先された交通広場のような様相の広場空間が台頭し始めたのが近代以降なのだ。単体空間の審美にこだわるジッテはこれを否定する。

②は、領域性の重要性についての言及だ。ジッテは、オープンスペースが空き地ではなく広場と呼べるのは、「はっきりと限定され、閉ざされ、固定されていることからきていることは明らかである」と断言する。にぎわいを形成するには、ある程度囲い込まれた領域性が必要だというのは、設計家としての自分も実感している。

ここでいう領域性とは、ケヴィン・リンチが『都市のイメージ』*で語るところの、都市空間の構成要素（ノード、パス、エッジ、ランドマーク、ディストリクト）におけるディストリクトとは異なる。むしろterritoryというべきものだ。

③「主景」に対する広場の大きさと形についてジッテは、いくつかの興味深い仮説を提示している。

と、その前に、**「主景」とは、筆者の造語である**ということをいっておかなくてはならない。主景観、あるいはメイン・ファサードといってもいいのだが、要するに西欧広場は、その拠り所としての「主景」を持つということをいいたい。

あまりにも当たり前すぎて、どんな都市論、広場論にも語られていないが、要するに西欧都市において、教会や修道院という精神的な中核、または市庁舎や王城という政治経済の中核、これらに寄り添う形で広場は、そのにぎわいを受容する装置としてつくられてきた。

日本のにぎわい空間にも「主景」は存在する。それは、必ずしもメイン・ファサードとして眼前に立ち上がるとは限らないので、自分は「主景」という言葉を使っているのだが、そのことは第3章で詳しく述べるとして、ともかく『広場の造形』に話を戻すと——。

＊ケヴィン・リンチ著、丹下健三、富田玲子翻訳『都市のイメージ』岩波書店

主景に対する大きさと形だが、教会広場は縦方向に深く、逆に市庁舎前広場は奥行きより横手に長い傾向にあるとジッテは指摘する。

確かにその傾向はあって、教会広場が縦長なのは、その方が教会の建造物としての象徴性が高まるからだし、市庁舎前広場で建物が横手に背景状に広がるのは、にぎわいがパノラマ的に広がるからだと解釈できる。

その他にも、主景となる建物の高さは、「その建物に対して垂直方向に測った広場の幅と釣り合っていなければならない」とか、「広場の最小の大きさが、広場を支配している建物の高さと同じでなければならない」、「広場の最大の大きさが、建物の高さの二倍を超えてはならない」、あるいは「長さが幅の三倍以上といったあまりにも細長い空間はかんばしい印象を与えない」とも書いている。

常識的にはまあそうだろう。これらのこともまた、傾向としてある程度納得できる。

しかし、この辺のところは、あまり有難がって鵜呑みにしないように。次項より具体的に見ていくが、例外は数多くある。そしてそこが都市デザインの面白さでもあるのだ。

④の不規則な形態、というのもまた、ゴシックからバロック期までの広場を想定したものだと考えることができるが、確かに整形の敷地は動きに乏しく、空間的に単調で活力を与えにくいというのは設計者なら誰もが納得できることではないか。完全に正方形や円形の敷地では、空間の形が先に立ってしまい、その内部にいる人間の存在が従属的になってしまうのだ。

むしろ、不規則な平面を生かして空間的なダイナミズムを獲得するところにこそ、にぎわい空間の契機がある。

⑤広場が群で構成されていること。西欧広場は、政治経済の中核としての市庁舎、精神的支柱としての教会といった、この二つの施設に寄り添う形で成立してきたと述べたが、ゴシック期以降、しばしばこの二つはセットでまちの中核を形成した。後述するサンジミニャーノや

ヴェローナといった中世都市がその典型である。

その後ルネサンスやバロック期は、広場空間を建築的な三次元構成で構想するようになった。一つの広場空間が、それ自体で複合的な構成で組み立てられた。スペイン階段がそうだし、ヴァチカンのサン・ピエトロ広場はその究極である。

番外なのはヴェネツィアのサン・マルコ広場だろう。L型につながるピアッツァとピアツェッタという、大小の広場によって、宗教広場とも市場広場ともつかない多様性を獲得しているこの広場は、千年という長い時間軸の中で多くの建築家が手掛けた結果、奇跡的な造形バランスに到達した。

これらについては後述することとして、このような事例を逐一出さなくても、単体空間より複合的な方が空間に奥行きが出て、にぎわいが創られやすいというのは直感的に理解できるのではないか。

しかし、これもただ複数あればいい、つなげばいいというものではない。連携性に意味がなければならない。

以上の原則は、『広場の造形』の五原則を、にぎわいのデザイン手法として読み替えたものだ。これらは一種の「型」のようなものとして捉えるといいかもしれない。

つまり、①広場の中央に自由なオープンスペースを確保し、②領域性を持った空間に閉じ、③主景に対し適切な大きさと形を配置すれば、ある程度にぎわい空間が創られる。そのオープンスペースが④不規則な形態で、⑤複合的な構成であればなおいい。

これらの「型」を実践することで、それなりのにぎわい空間は形成できるだろう。少なくとも骨格は整えられるはずだ。

むろんこれがすべてではないし、これら五つがすべてそろわないとダメ、ということでもない。また、これらの原則を形ばかり真似てもにぎわいは創れない。

むしろ、これらの原則を部分的にあえて破ることでも活力ある空間はできるし、むしろそこに個性が出る場合すらある。

　その辺の塩梅を、まず西欧広場を中心とする具体的なにぎわい空間を解読しながら見ていく。感覚的にデザインのツボを何となくつかんでくれるといいと思う。

## ジッテの五原則がすべてではない

　先に断わっておくが、カミロ・ジッテの五原則を読み替えた「にぎわい」空間の枠組みも、都市デザインの諸理論のほんの一部にすぎない。ジッテのデザイン論は、中世期からバロックの単体広場を基本にしているといったが、その後、西欧都市は、「ヴィスタ＋アイストップ」という空間言語を基軸に、都市という総体をデザインすることで新たな活力を生む時代へと移行した。

　「2－1　持続するにぎわい空間」以降で具体的に解説するが、ルネサンス期のパースペクティヴという空間概念は、バロック期に進化し、やがてローマにおけるポポロ広場とその都市軸、クリストファー・レンによるロンドン再建計画、フランスのアンドレ・ル・ノートルによる軸線構成のフランス幾何学式庭園の考案などによって、ヴィスタ景を持った都市軸というアイディアに発展し、欧州全域に敷衍《ふえん》していく。その後さらに、オースマン知事によるパリ大改造によって、オベリスクを持った星形の交差点広場と放射状街路という言語に進化し、都市全体を構想しデザインする時代へ移行するのである。

　それはカミロ・ジッテをして否定すべき単調さであり、芸術的な景観とは言いがたいということになるのかもしれないが、自分はそれも新たな都市の活力だと考えている。決して一概に否定すべきものでもない。

　一方、単体空間の演出技術も次々と進化していく。

　「2－2　にぎわい空間のモダニズム」では、近代以降に展開された様々なにぎわい空間の演出手法を見ていき、ジッテの諸理論を超えた、つまりは「広場」という概念にとどまらない、様々なデザイン手法を俯瞰しようと思う。

column

デザインの眼 3

# 座る造形② 形に多義性を与える

椅子やベンチがあれば、そこが座るべき場所であることは誰でも分かる。だからこそ、注意しなくてはならないのはそのニュアンスだ。「ここに座れ」という命令形になってはいないか。単目的のベンチを、無作為に置くだけでは、自動的にそういうメッセージになりかねない。そして、その結果できる「場」の意味性は貧しい。

学生のデザイン演習を指導していると、ベンチを置けば人は座ると思っていて、座りたくもない場所に座らざるを得ない場合もあるということに思い至っていないということがよくある。そういった場合、「座らせる」という意図が設計者の気付かないところに（気付いてほしいのだが）潜んでいて、それが空間の貧困さにつながっているのである。

街角に腰をおろしている人を見て、座りたくて座っているのか、いやいや座っているのか、ろくでもない場所であるにもかかわらず本人が無神経だから座れるのか、そういったシチュエーションの判断は常に自身の眼で的確にしたい。「使われている」と一律に判断するのは軽率である。

眺めのいい場所に快適な休憩スペースを用意するのが基本だとして、その上で公共空間を生き生きしたものとするためのポイントの一つは、〝どれだけ主体（利用者）に自由度を与えられるか〟、というところにある。

休みたくなる場所を用意した上で、座るか座らないかの判断を利用者に委ねる空間に仕立てることが重要だ。そして、その委ね方が、デザインというものなのである。

スハウブルク広場のベンチは、領域性を演出するハイバックの造形となっている。ベンチであると同時にオブジェ、遊具でもある。ベンチの前にあるのは可動式のパワーアームで、先端に投光器がついている（オランダ・ロッテルダム）

水際公園の浮き桟橋でくつろぐ人々（アメリカ・ボストン）

設計者が意図を込めてデザインすれば、必ずしも椅子の形をしていなくてもいい。これから紹介する、シエナのカンポ広場やローマのスペイン階段、トレヴィの泉などがいい例である。

ロッテルダムのシティシアター前にあるスハウブルク広場《Schouwburgplein》のベンチは、木材にくるまれた、必要以上のハイバックで、座る装置であることは明らかなのだが、背面に寄りかかったり、あるいは遊具のように子供が遊んだりすることも想定されているようだ。自由度が大きい。さらには、広場空間の端部を引き締め、領域性を整える役割も兼ねている。

形に凝ればいいというものでもない。

ボストンのバックベイ地区にあるハドソン川沿いの水際公園には、多くのベンチが眺めのいい場所に木陰を伴いながら配置されているが、それよりも、まるでデザインされていない、浮き桟橋でピクニックをする人々に着目したい。

もちろん初めからそんな利用を想定してつくられた施設ではない。これは、利用者による「見立て」だ。だが、この素朴な造形が、生半可なベンチや水上テラス以上に魅力的な「居場所」を創り出している事実に、パブリックスペースにおけるデザインの可能性を見るのである。

column

デザインの眼 4

## 座る造形③　さりげなくも豊かな造形

ボストン郊外にあるJFK図書館・博物館は、ケネディ元大統領の資料館である。設計はイオ・ミン・ペイで、その外構およびそれにつながる水辺のプロムナードを、ランドスケープ・アーキテクトのダン・カイリーが手掛けた。

カイリーは海辺のプロムナードをデザインするにあたり、ざっくりとした石積み擁壁を緑地沿いに積み並べた。これは何なのか。一見、座りやすそうな気配はない。むしろ、広々とした風景を引き締めるオブジェのようだ。

しかし、よく見ると、明らかに座れる高さに設定してある。側面こそ表情豊かにごつごつしているものの、天端は比較的なめらかに整えられていることに気付く。人が腰をおろす前提で造形されているのだ。けれども、いかにもベンチでございという無粋さではないということに着目したい。風景を楽しんでいる人に、その風情を損なわないまま、そっと座る場所を差し出す奥ゆかしさがここにある。実に口数少なく、さりげない造形である。

人の座る場が快適に用意されているだけで風景はやさしくなる。仮に川の対岸にそれがあり、すぐに自分自身が使うことがないとしてもだ。これを「仮想行動」という。座れる、行けるという確信が使い手の心象に現れるだけで、その場は十分に人間のものとなる。こういう場の影響力を重視したい。おそらくカイリーは、そんなニュアンスを狙って造形している。

設計者は、「座れ」というメッセージで場所を創るのではなく、入念に居場所を用意し、黙っ

JFK 図書館・博物館に続く水辺のプロムナード。建築本体と同様の、白大理石を骨材とするホワイトコンクリートでカイリーは造形した。それに絡んで、さりげなく並ぶ低い石垣だが、よく見ると天端は座りやすいように平坦になっている（アメリカ・ボストン）

広場への誘導路であり、ベンチ、遊具でもあるストリートファニチュア「架け箸」（宮崎県・日向市駅前広場「ひむかの杜」）

てそれを差し出すだけでいい。そういうさりげなさをパブリックスペースの造形の基本としたい。「声高」の造形は慎みたいものだ。

日向市駅前広場「ひむかの杜」の中にある「架け箸」と命名された巨大な杉材のストリートファニチュアは、南雲勝志のデザインだ。箸のようにテーパー付きの二本ぞろえで、せせらぎを越えて架け渡されている。

これは、ベンチであると同時にせせらぎを渡る子供たちの遊び場であり、広い部分に上り込んでお弁当を広げてもいい形だ。様々な使い方を想定していると同時に、外から内部へ人を導き入れる、アクセスの誘発装置にもなっている。で、ついでに橋と箸が掛けてあるというわけだが……。

## 2-1

# 持続するにぎわい空間

まずは西欧広場を中心に、にぎわい空間というものを解読していく。

ただし、自分は広場の研究者ではない。かなりの数の広場を見てきたという自負がないではないが、それとて全ヨーロッパの広場について語れる規模では全くないし、そもそも、あくまでも日本の都市設計に組み込む可能性のために、彼我の空間構造を分析してみたいだけだ。

西欧で初めて純粋な意味での広場が形成されたのは古代ギリシャということになる。

ギリシャの古代都市において、その市街の中心部で建築的に矩形に切り取られたオープンスペースが形づくられた。これがアゴラ《agora》*1であり、その形態が計画的に配置されるようになったのは紀元前五〇〇年以降のことだ。

市場はアゴラに立ち、政治的な集会もまたアゴラで行われた。

原型としてのアゴラは、オーダー列柱の回廊によって囲まれた、完全に矩形の、中庭のような空間であったようだ。いくつかの回廊はストアと呼ばれ、市場広場としてのアゴラではここに商品が並べられた。店舗をいうストアの語源でもある。

アゴラは、ローマ時代になると、フォルム《forum》*2として引き継がれた。

ローマ郊外の新産業都市、エウルにローマ文明博物館がある。

そこに、カンプス・マルティウス《Campus Martius》*3と呼ばれる、帝政期ローマの中心的な公共地域、約二〇〇haの都市模型が展示されているが、それを見れば、フォルムの実像が見てとれる。つまり、古代ローマ都市では、単体建築が隣接する

*1 「町をして都市(ポリス)たらしめるのはアゴラである」(『都市と広場』ポール・ズッカー、p.41)

*2 フォルムは「商取引の市場、また裁判・政治など公事の集会場として用いられた」(『都市形成の歴史』アーサー・コーン)

*3 十八世紀イタリアの建築家であり銅版画家のピラネージが著した『古代ローマのカンプス・マルティウス(イル・カンポ・マルツィオ)』および付属の巨大図『イクノグラフィア』は完全な空想である。

だけでなく、少なからぬ建物がその前や外周にオープンスペースを囲い込み、あるいはそれらに挟まれるような広場が様々に形成されていた。

　帝政ローマ期を迎え、ローマ帝国がヨーロッパ全土に拡大していくに伴い、この都市構造もまた各地へ伝播された。大づかみにいえば、これが西欧都市全体の骨格に通奏低音のように鳴り響いている。

　かなり乱暴だが、西欧広場の変遷を様式史的に眺めるとおおよそ以下のようになる。

## 中世広場

　美術史家が中世期を前期と後期に分けたのは十五世紀以降である。前期をロマネスクとし、後者をゴシックとして分けた。それまでは五～十五世紀という、約一千年の永き時代をひとくくりに中世と呼んでいた。

　ロマネスクとは、字義通り「ローマ風」を意味する。後期の名称となったゴシックは、当時ローマ帝国に支配されていた北方のフランスやドイツの人々を指すゴート族の文化「ゴート風」、ゴーティックからきている。ゴシックには、ローマ的でない、つまりは北方の〝粗野で野蛮な文化〟というニュアンスが含まれている。それはともかく、この時代に建築は、アーチを中心に技術的発展を遂げた。

　都市構造も、それまでの荘園的なものから防衛に優れた、城郭都市に移行した。ノルマン人など異民族の襲来から集落を防衛するため、都市ごと土塁によって城塞化し、重厚な城門や監視塔を備えた。宮殿や教会も城塞内に内包した。この都市形態は、十一世紀から十二世紀にかけて、最初は南ヨーロッパから始まり、次第に北上した。

　これに伴い、広場も形態を変え、権力的な核としての市庁舎や、精神的な核としての教会や修道院を基点に、矩形に縛られない、不規則で合理的な形態を持った。北方文化の理知的な思考が確かに反映した形なのだ。

## ルネサンス広場

　ローマ時代の広場（フォルム）から離脱し、

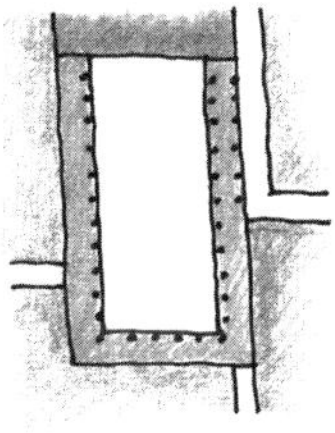
ローマ期フォルム

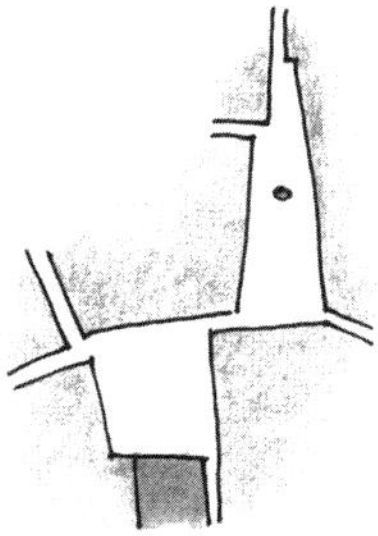
ゴシック広場

自由な形態で広場が造形された中世ゴシック期だったが、その次に起こるルネサンスという時代は、振り子の反動のようにローマ的なるものへの回帰が起こった。しかし、歴史はただ過去へは戻らない。

ルネサンスという時代は、文芸運動ほどには都市構造自体に大きな変革を与えなかったといわれている。広場の造形でも、比較的小規模のスクラップ&ビルドによって整備されたものが多く、都市的な配置構造や周辺市街との接合性については、ゴシック期と根本的な差異は認められない*。

しかし、都市デザインの分野では、ルネサンスの広場が果たした役割は大きい。最も重要なのは透視図画法（パースペクティヴ）の考案である。この図像性が実際の都市空間に応用され、都市の設計技術は進歩した。

ルネサンスはローマ的な価値への回帰といったが、整形でかつ回廊に囲まれたローマ的なフォルムのスタイルは、パースペクティヴ空間を都市に実現するモティーフとしても適していた。

ルネサンスの広場の多くは、改修によって築かれた。既存街区の一部を取り壊し、芸術的に洗練する意図で改修して、パースペクティヴな回廊型の広場が整えられた。その代表が、後述するフィレンツェのウフィッツィ宮の回廊やアヌンツィアータ広場、ヴィジェーヴァノのドゥカーレ広場だ。

確かに小規模な都市改造による単体空間ではあったかもしれない。

しかし、単体であっても、広場空間の造形性とその表層の意匠的側面に、はっきりした都市デザイン的な進歩を見ることができる。芸術と融合した技術革新が、都市構造への新たな可能性を人々に気付かせた。ルネサンスという文化運動は、都市景観に意図的に芸術性という価値観を与えた時代としても記録される必要がある。

その芸術性を制度的、都市計画的に方法論化した運動へと進化したのが次のバロックという時代である。ルネサンスのパースペクティヴが大規模に都市全体で構想され、「ヴィスタ＋ア

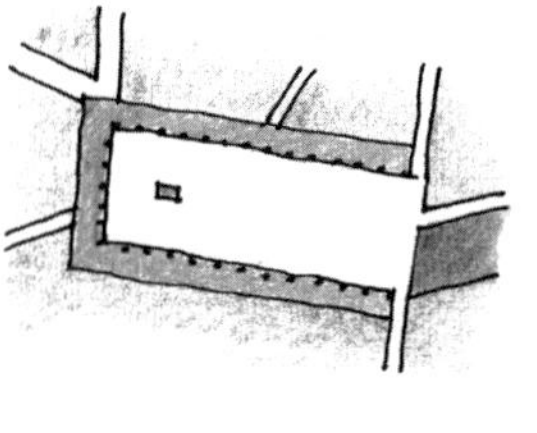

ルネサンス広場

＊「都市計画の分野では、新しいルネサンス様式はほとんどもっぱら都市の拡張または改造に適用された。砦を除いては、新都市の建設はほとんど行われなかった」（アーサー・コーン『都市形成の歴史』）

イストップ」という都市言語が確立した。

## バロック広場

バロック——ポルトガル語の「Barrocco（歪んだ真珠）」からくるこの言葉には、「不均等」や「風変わり」「退廃」といったニュアンスがついて回る。

だが、歴史的には、「ヴィスタ＋アイストップ」といった構成が次第に都市の骨格形成に使われるようになるのはバロック期以降であり、この概念が都市の骨格において稼働し、都市全体を一つの構築物のように扱うように試み始めたのはこの時代からのことだ。

同時に、単体における都市空間の造形技術も飛躍的に進歩した。

バロック期には、広場の傑作が多い。カンピドリオ広場から始まり、ナヴォーナ広場、スペイン広場、ポポロ広場、トレヴィの泉、サン・ピエトロ広場……。ローマを代表するこれらの広場は、すべてバロック期に築造されたものだ。

本章で先に述べた、近代都市に影響を与えた三つのプロジェクトもまた、いずれもバロック期のものだ。

一つ目は、一五八五～九〇年にかけて教皇シクストゥス五世と建築家ドメニコ・フォンタナが行ったローマの総合的な再編計画。

次に、これは実現されなかったが、一六六六年のロンドン大火からの復興として、同年に出されたクリストファー・レンによるロンドン再建計画。

もう一つが、フランスにおける、アンドレ・ル・ノートルによる軸線構成のフランス幾何学式庭園様式の発明である。ヴォー・ル・ヴィコント宮は一六五六～六一年、それを発展させたヴェルサイユ宮殿は一六六一～一七〇八年に建設された。

イタリア、イギリス、フランスにおけるこれらの一連の構想は、その後の近代都市計画に大きな影響を与えることになった。特に、ヴェルサイユ宮殿の壮大なヴィスタ景観は、造園というカテゴリーを超えて、都市的な規模に発

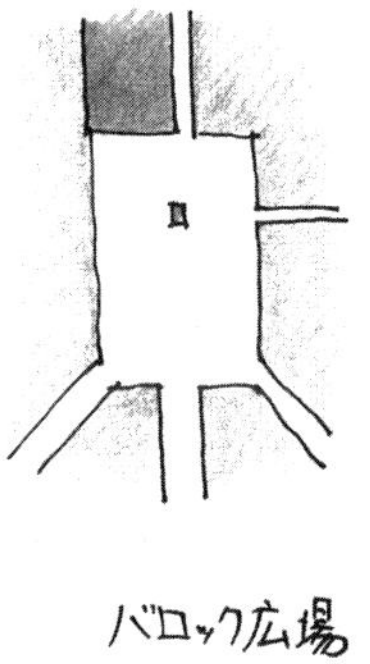

展し、オーストリアではウィーン、ドイツではカールスルーエやマンハイム、ロシアはサンクトペテルブルグ（レニングラード）など、数々の欧州の封建諸国や、さらに北米にも多大な影響を与えた。

都市計画や設計について、ミクロに個々の事例の中で時代の変化を見るとき、空間造形は常に設計者の意思によって構想される人為的現象であるというのは当然のことだが、一方、歴史軸から俯瞰するとき、それらの人為的現象も、時代という潮流の中のさざ波にすぎないように思えてくる。

本書では、この虫の眼と鳥の眼の両眼を持ちつつ、都市デザインの方法論を眺めてみる。まずはミクロに一つの造形を追い求めることによって。そして、そこからその時代の精神を反映した様々な事象について垣間見ていきたい。

## ルネサンスからバロック広場に見られる〝ゆらぎ〟＝魅力的な不完全さ

次に、西欧広場を中心に歴史的なにぎわい空間を具体的に見ていくが、その前に、ルネサンスからバロックまでの広場に見られる一種の〝魅力的な不完全さ〟について言及しておきたい。

ルネサンス広場が、都市の部分的な改造によってつくられたということは既に述べたが、その際設計者は、既にあった主景や周辺地形などと折り合いをつけて新たな空間を造営する必要に迫られた。たとえば、軸線に対して主景が微妙にずれた配置にあり、それを違和感のないバランスにさせるために微妙に空間造形を操作することを余儀なくされた。

しかし、その結果生じた不完全さは、必ずしも不都合ではなかった。むしろそのことが空間にふくらみのようなものを与え、あるいは堅苦しさから救う結果になって、しばしば空間をエモーショナルに仕立て上げている場合が少なくない。自分はそれを都市デザインの〝ゆらぎ〟と呼んでいる。

たとえば、ヴェネツィアのサン・マルコ広場は、ヴェニスの商人が聖マルコの遺骸を運び込んでサン・マルコ寺院を建立し、その後幾度かの建て替えを経ながら広場自体も拡大し、周辺建物も次第に建て替わり、改修される中で、実に千年を経て現在の景観に到達した。その時々で設計家は、微妙な向きを持ったこの小さな寺院にいかに象徴性を持たせ、主景として引き立つような効果を与えるかに腐心し続けた。その結果として、サン・マルコ広場は単なるずれや歪みではなく、「ゆらぎ」としてエモーショナルな空間構成・造形に到達したということができる。ローマのナヴォーナ広場にも、また、立体広場といっていいスペイン階段にも魅力的な「ゆらぎ」がある。

詳しくはあとに譲るが、ここでいう「ゆらぎ」とは、不完全だからこそにぎわうという浅薄なものではない。敷地条件からくる軸線のずれや歪みを補いながら、優れた建築家が全能を掛けて最善のバランスを追求した結果として生じたある種の不完全さが、日本の「間」の概念のように、見る者の感情が投影される余地となってエモーショナルに働くのだと考えている。

バロック以降は、都市計画も精度が上がり、「ヴィスタ＋アイストップ」も完成度高くコントロールされる時代になる。その一方で、ゴシック期からバロックに至る様々な芸術的造形手法は、次第に影を潜め、効率性と合理性、経済性が評価基準としての割合を高めていく。近代に移行するとこの傾向は加速し、都市計画の精度が上がるほど、単体の空間としての魅力は失われていった。これをカミロ・ジッテは『広場の造形』で懸念していたのである。

01

# ドゥオモ広場とチステルナ広場

サンジミニャーノ

カミロ・ジッテ『広場の造形』の条件をすべて満足する、典型的なゴシック期のツイン広場

ドゥオモ（聖母堂）からドゥオモ広場を眺める。「塔の街」サンジミニャーノは、まちの至る所で抽象彫刻のような美しさを持つ

イタリア・トスカーナ地方を代表する中世ゴシック都市サンジミニャーノ。その中心はドゥオモ広場とチステルナ（井戸）広場という二つの広場だ。

一方が宗教広場で、もう一方が井戸のある生活拠点としての広場である。不規則で偶発的な形状に見えても、役割分担されたものが意図的に近接して設けられたものであって、決して無計画に適当につくられたものではない。性格の異なる二つの広場を近接して持つことで、まちに求心力を与えるという構成は西欧都市の一つのスタイルなのだ。

カミロ・ジッテ『広場の造形』で示された優れた広場の五原則――①広場の中央を自由にしておくこと、②閉ざされた空間であること、③（主景に対し適切な）広場の大きさと形を持つこと、④不規則な形態であること、⑤広場が群で構成されていること――は、サンジミニャーノにおけるこのツイン広場にすべて該当する。

ドゥオモ広場は、文字通り聖母堂（ドゥ

チステルナ広場は、文字通り井戸（チステルナ）を持つ小広場で、左奥でドゥオモ広場と接している

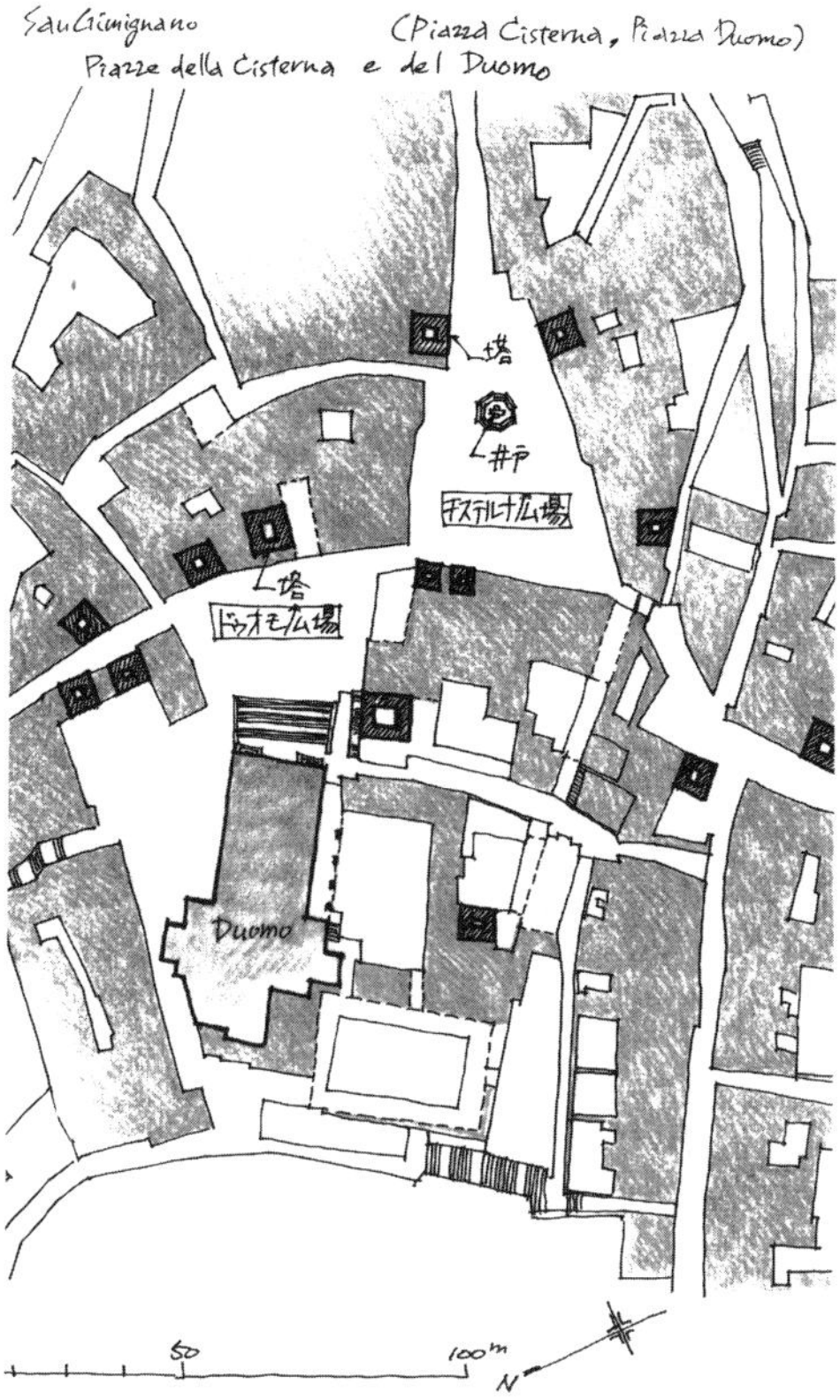


ドゥオモ広場とチステルナ広場の構成図。まさにツイン広場である

オモ）前の広場であり、外周に階段や斜路、テラス等が様々に組み合わされた劇場的な空間構成になっている。チステルナ（井戸）広場はその前室的な役割でドゥオモ広場に寄り添う。

「塔の街」と呼ばれるサンジミニャーノは、中世期らしい不規則な形態で、一見すると偶発的に形成されたようにも見えるが、それぞれの建造物は造形的に洗練され、日本の造形原理「天地人」を思わせる、動的な配置バランスが見る者を圧倒する。街全体がダイナミックでかつ精密な彫刻のような美しさなのだ。

フィレンツェに住む友人は、サンジミニャーノは夜景がいいという。「女の子を口説くには夜のサンジミニャーノさ」ということなのだそうだ。

02

# カンポ広場

シエナ

厳しく景観規制された建築群に囲まれ、
塔への傾斜で広場の中心性を生んだ、世界一美しいゴシック広場

マンジャの塔が屹立するプッブリコ宮（市庁舎）に向かって、緩く勾配がついたカンポ広場

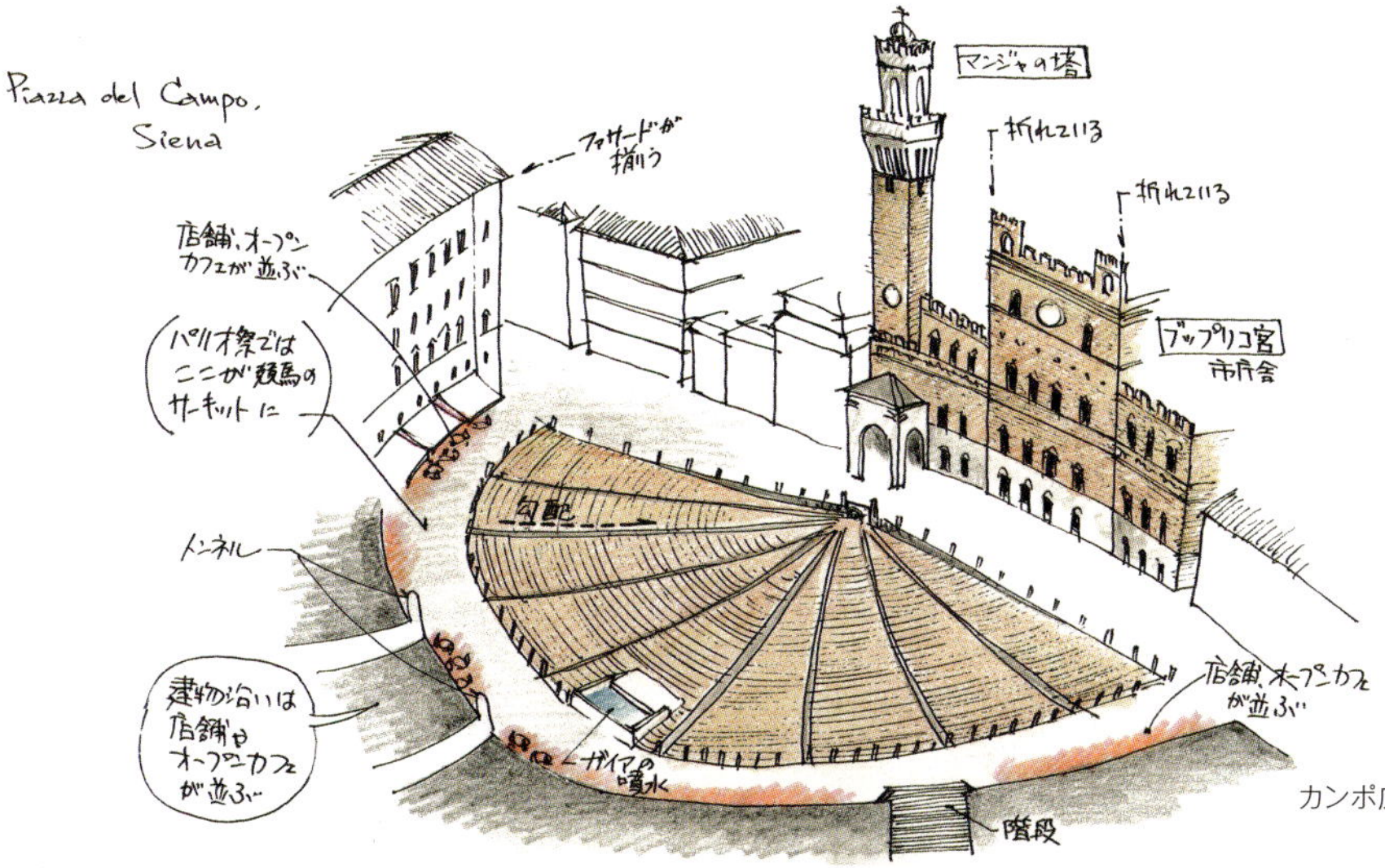
Piazza del Campo, Siena
ファサードが揃う
店舗、オープンカフェが並ぶ
パリオ祭ではここが競馬のサーキットに
トンネル
建物沿いは店舗やオープンカフェが並ぶ
勾配
ガイアの噴水
マンジャの塔
折れている
折れている
プッブリコ宮
市庁舎
店舗、オープンカフェが並ぶ
階段
カンポ広場構成図

この際言い切ってしまうが、世界遺産シエナの中心・カンポ広場は、数ある中世ゴシック期の都市デザインの中で突出した完成度を誇る、世界で最も美しい広場の一つだ。

まず立地だが、あえて傾斜のある場所を選んでこの広場はつくられた。マンジャの塔が屹立するブップリコ宮（市庁舎）が扇形の付け根にあり、そこに向かって煉瓦の床面が緩やかに傾斜する。

この構成は、市庁舎のファサードを舞台背景とした「ギリシャの半円形劇場の形態を模している」（『都市史図集』彰国社）というのが定説だが、確かにその場に立てば、ここが時に議場となり、あるいは劇場となることを想定されて敷地を選び広場を造形したのだろうということは容易に理解できる。極めて機能的な造形といっていい。

この広場は、建築の残余空間ではない。主景である市庁舎は、自らファサードの一部を緩く折って取り囲む広場空間の一翼となっている。先に庁舎があったのであればこうはならない。市庁舎は、広場と一体で構想されたのだ。市庁舎と同じ高さで整えられた外周の建物も、広場の建設が始まった十三世紀ごろから厳密に法規制されて整えられたものだ。壮麗な屏風絵のごとく広場を取り囲み、にぎわいの舞台背景を形成する。

広場自体はというと、ざっくりとした煉瓦舗装の中を自然石のボーダー舗装が扇形に伸びている。そもそも舗装面で座って休みたいと普通は思わないものだが（西洋人は特に）、温かみのある煉瓦の質感と、床に勾配があり、しかもそれが一律でなく掌に包まれるような官能的な曲率になっているため、自然と塔に向かって腰を下ろしたくなる。

建物に沿った外周部は比較的平坦で、普段はオープンカフェなどでにぎわっているが、毎年夏に開催される伝統行事パリオ《Palio》の際は、ここに土が敷き固められて競馬用のサーキットに変貌する。広場の内外は人また人で埋め尽くされ、周囲の窓という窓が観客席になる中、シエナ各地区の名誉をかけて競走馬が疾走するのだ。

日常でもこの広場は実に晴れがましい。緊密に囲まれた空間構成でありながら、空が広く明るく切り取られ、閉塞感がない。この広場に立つと、自分は一人ではなく、多くの人々と一緒に生きているという実感が、その喜びが全身を駆け巡る。都市とは、パブリックスペースとは本来そうあるべきではないか。

外周の建物沿いにはカフェやレストランが連なる。オープンカフェでくつろぐ人たちは観客であり、同時に舞台演者である。互いに「見る－見られる」関係性が劇場的な空間の中に成立している

市庁舎をカナメとして扇状に広がるカンポ広場。高さのそろった建物によって緊密に取り囲まれた、強い領域性がにぎわいを凝集する

まるで芝生の上にいるかのように、ざっくりとした煉瓦の床の上で人々は思い思いにくつろいでいる

03

# エズ村とサンポール村

## 建築家なしで築かれた中世の宝飾集落

フランス〝鷹ノ巣〟集落

絵画のような風景が連なる

エズ村

階段だらけの通りに、数々の小さな溜まり場が丁寧に設えられている

フランスやイタリアなど南欧では、崖上にひっそりと築かれた「鷹ノ巣」と呼ばれる集落群がいくつかある。城郭都市は、異民族の襲来から防衛するため都市を丸ごと土塁によって城塞化し、重厚な城門や監視塔を備えたものだが、より小規模の集

## サンポール村

工芸品のような石積みと側溝のディテール

階段も花柄模様の玉石張り

舗装は玉石によって装飾性豊かに整えられている。よく見ると花模様になっている。意外に歩きやすく、坂道の足掛かりもいい

落のいくつかは崖地という天然の要害によって同様の機能を得た。

現存するそれらの集落は、多くが高級なリゾート地、保養地、観光地として持続している。

エズ村はモナコに近いこともあり、観光名所として人気だ。サンポール村は、少々交通の便が悪いものの、奥まった風情がいかにも「鷹ノ巣」といったところだが、村に一歩立ち入ると、小路という小路が丁寧に玉石やテラコッタで敷き詰められ、まるで宝飾のようなつくり込みになっている。あらゆる場所が高い密度で絵画的風景のように整えられているのだ。

奥へ奥へといざなわれる迷路性、見え隠れする外部への眺望、個性的な街並みと店舗。みちゆきの楽しさが、細密な光景の連鎖となって飽きることがない。

この景観を支えているのは、まさにバーナード・ルドフスキーがいうところの「建築家なしの建築」による練達の職人芸なのである。

04

# エルベ広場

ヴェローナ

## 極端に細長い敷地がにぎわいを凝集する、ゴシック都市における「ナヴォーナ広場」

夏のオペラで名高いイタリアの古都ヴェローナ。屹立するランベルティの塔の下、奥行き深く、伸びやかに広がる空間を見た瞬間、この広場が傑作であると知った。

塔を持つ市庁舎で結び合わされた、二つの広場の原型が建設されたのは、おそらく十二世紀ごろの中世ゴシック期であり、その後、ルネサンス期に部分改修されて完成したものと考えられる。まちに面した側にあるのは、エルベ（野菜、香草）の名の通り、市場広場であり、市庁舎の背後にある政治の中心シニョーリ広場とセットでこのまちを支え続けてきた。

エルベ広場は、極端に細長い敷地で、その縦軸に四基のモニュメントが並んで主軸を形成しながら、空間を適度なヒューマンスケールに分節している。地場産の淡紅色の大理石舗装がそれらを一つに統合し、全体でランベルティの塔とバランスをとるという立体構造である。この構成は、四百年後のバロック期に、ベルニーニがローマのナヴォーナ広場で華麗にアレンジして踏襲した――といいたいところだが、時代的にもナヴォーナ広場ほど洗練された造形性はここにはない。けれど、ゴシック期の素朴でさりげない佇まいには何ともいえない滋味があり、決して見劣りするものではない。

ジッテの五原則のうち、「③（主景に対し適切な）広場の大きさと形」以外はすべて該当する。ジッテは「長さが幅の三倍以上といったあまりにも細長い空間はかんばしい印象を与えない」とも書いている。常識的にはそうだろうが、ナヴォーナ広場同様、このエルベ広場も例外である。

極端に細長い敷地は、塔を背景に正面から見れば、横手に長く、奥行きが浅いことになり、そこに市でも立てば、ヒューマンスケールのにぎわいが屏風絵のように広がる。もっと懐のある空間の方がのびのびとするように思えるのだが、アディジェ川に抱え込まれた静謐な古都の風情には、この愛らしいスケールがふさわしく感じられる。

一方でシニョーリ広場だが、平面だけ見れば矩形のローマ的な広場（フォルム）を思わせるものの、取り囲む列柱回廊はなく、ファサードの整った建物が並んでいるわけでもない。そういうところは不規則なゴシックデザインなのだが、残念ながらあまり面白みのない空間である。自分には、これも広場の形成史を見る思いで興味深いのだが。

イタリアの古都ヴェローナの中心部は、屹立するランベルティの塔を持つ市庁舎で結び合わされた2つの広場で構成されている。まちに面したこちらはエルベ（野菜）の名の通り、市場広場であり、市庁舎背後にある政治の中心シニョーリ広場とセットでこのまちを支え続けた

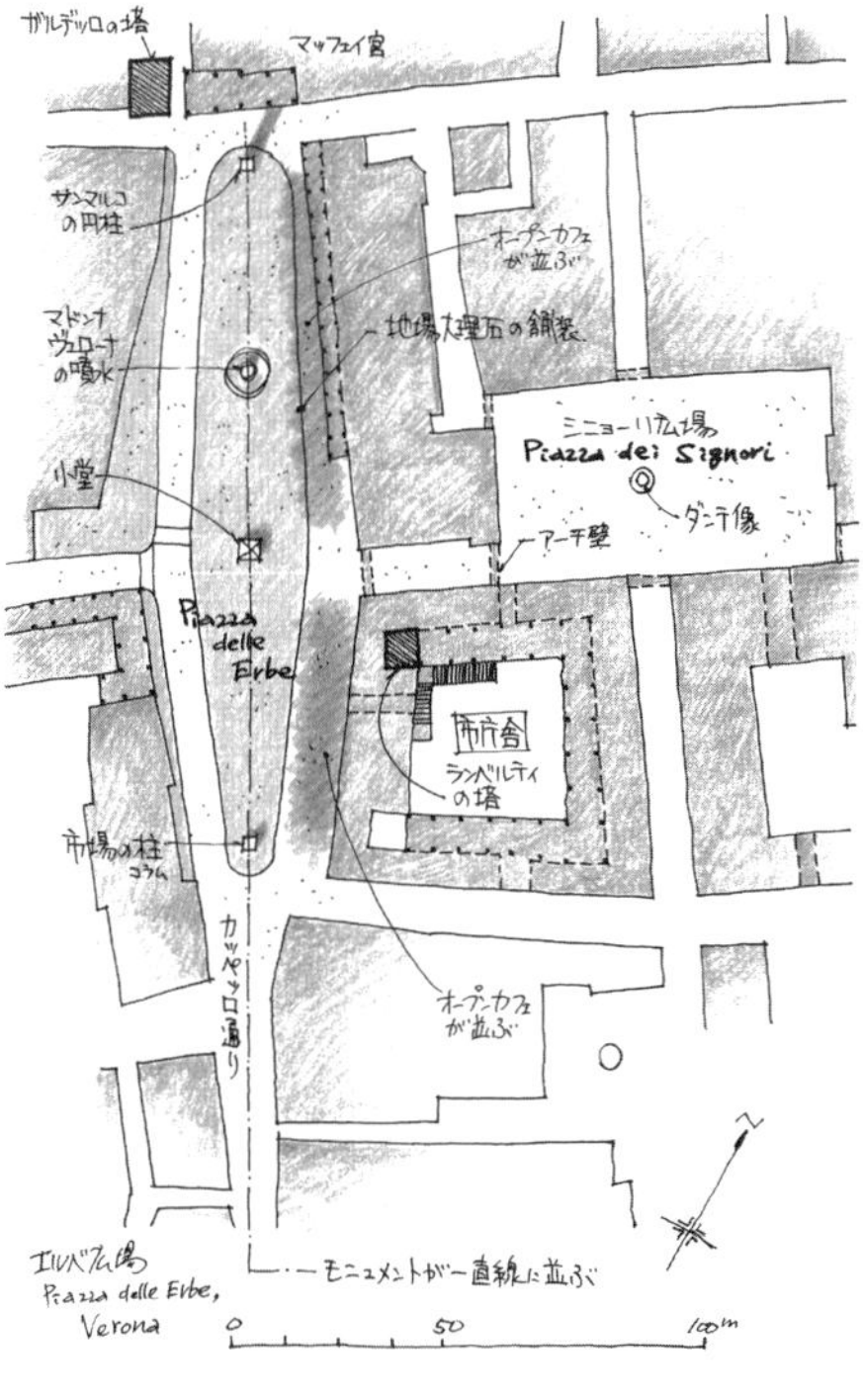


エルベ広場・シニョーリ広場構成図

広場の片側の長辺にはオープンカフェが並ぶ。建物は、スカイラインや窓の形は揃っているが、壁面などは様々で、表情の豊かな広場の背景を成している

平面は矩形だが、取り囲む建物がばらばらで統一感に欠けるシニョーリ広場は、政治の中心

05

# サン・マルコ広場

ヴェネツィア

## ゴシック、ルネサンス、バロックと、千年を掛けて築かれた、様式美を超えた奇跡の祝祭空間

ピアッツァの最奥から見たサン・マルコ広場。屹立する鐘楼（カンパニーレ）が絶妙な位置にあり、軸線の合っていない寺院とバランスをとっている

「ヴェニスの商人」がアレキサンドリアから聖マルコの遺骸を運んできた八二八年から数えて、広場最奥のナポレオン宮が竣工した一八一〇年を広場完成とすると、実に一千年の年月をかけてこの広場は築き上げられたことになる。世界で最も華やかな永久不滅の祝祭空間だ――このままヴェネツィアが水没しなければだが。

サン・マルコ寺院前の大広場ピアッツァと、カナル・グランデに面した小広場ピアツェッタがL字形に組み合わされた複合広場である。①広場の中央が自由で、②空間的に閉ざされ、③主景に対し適切な大きさと形を持ち、④不規則な形態で、⑤広場が群で構成されている、とジッテの五原則のすべてが該当する、と、いいたいところだが、③が興味深い。なぜこの形をしているのか。

まず、広場最奥から正面を眺めると、サン・マルコ寺院は広場に対して圧倒的に規模が小さく、主景としての存在感に乏しい。広場と軸線も合っていない。この不自

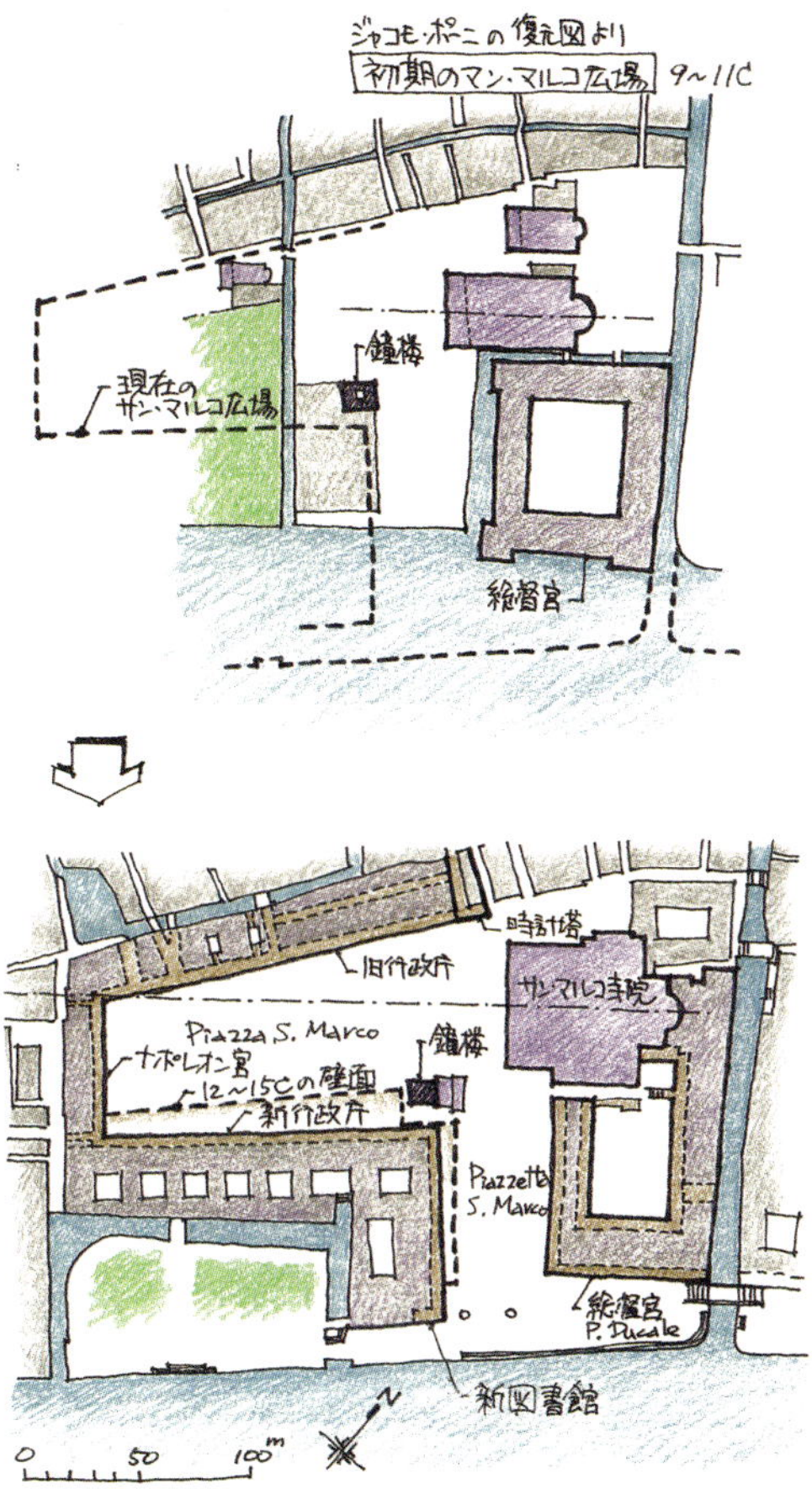


サン・マルコ広場の変遷と構成図

然な構図を、かすがいのように、屹立する鐘楼（カンパニーレ）が結び合わせている。

　この構図、日本人の眼には、「天地人」を思い起こさせないだろうか？　主軸を決めて絵画的構図でバランスを取るのではなく、造形を一度印象に置き換えて、質的なバランスを思い描きながら心象操作で均衡を図る、いわば「間」の感覚的操作を用いた日本的な空間構成原理のことだ。生け花や書道などの手法で、法隆寺や姫路城の構図で知られる。むろん、中世イタリア人がそんな技法を駆使したはずはない。

　もう一つ興味深いのは平面形状だ。ピアッツァもピアツェッタも、その平面は不整形の台形をしており、いずれもサン・マルコ寺院に向かって開いている。現代の我々の眼には何ともモダンに見えるその形は、見方によってはバロック期の「逆遠近」構図を思わせる。もし、これがミケランジェロがカンピドリオ広場で見せたものと同じ発想なら、サン・マルコ広場は三世紀以上も時代に先行していることにな

ピァッツァと呼んでもいい規模を持つサンティッシマ・ジョヴァンニ・エ・パオロ教会と広場（カンポ）

サン・マルコ広場北側の旧行政庁の裏手にある運河。この運河の存在が広場の形状を限定した

るが、設立経緯を追っていくとすべては必然であり、そして奇跡でもある。

この広場が今日の構成に至るまでに、寺院だけでなく周囲の建物は幾度も建て替えられ、改修を積み重ねてきた。中でも大きな改変は十二世紀と十六世紀に起こった。

サン・マルコ寺院は、最初パラッツォ・ドゥカーレ（総督宮）の礼拝堂から始まったものが、十一世紀に隣地に移転して、現在のビザンティン様式の寺院となった。その当時、総督宮の外周には細い運河が巡っており、寺院の向きはこれに接する位置で定まった。このとき広場はまだL字形をしておらず、寺院の前庭というべき小規模なものだった。

広場が西側に大きく拡張され、ピアツェッタとともにL字形の形状となったのは十二世紀である。総督セバスティアーノ・ツィアーニによって地中海で勢力を持つに至ったヴェネツィア共和国だったが、その威容にふさわしい中心部を都市空間に演出すべく改修が図られたのだ。

これが現在のレイアウトの原型になっているのだが、このとき拡大された広場は、北と西側は背後の運河で規定され、サン・マルコ寺院と軸線がそろわないことが確実になった。

南側の建物は自由度があったものの、北側壁面とそろえれば、寺院の向きとのズレが強調されてしまう。寺院の向きと合わせると広場空間が先すぼまりの奇妙な三角形となる。また、既に鐘楼（カンパニーレ）が、今よりも小規模な形で建っていたが、これとも折り合いをつけねばならず、むしろこの鐘楼の位置まで開口を広げた方が寺院のズレが気にならなくなることに気付いたのではないか。その結果、広場は歪んだ台形平面となり、寺院に向かって開く「逆遠近」構成となったと考えられる。

十二世紀の配置図を見ると、ほぼ現在の平面形に近いものの、鐘楼は南側建物のファサードとそろえて、コーナーを切り欠いた形で納められている。

ミケランジェロがカンピドリオ広場で

見せた逆遠近は、真正面の市庁舎を強調する意図だったが、サン・マルコ広場の場合、主景を大きく見せるという意図で奥に開いたのではなく、他に選択肢がなくてそうせざるを得なかったと推察できる。

今のように鐘楼が独立して広場に屹立したのは、十五～十六世紀のルネサンス期だ。この時代にサン・マルコ広場は再び大きくつくり直された。

まず一四八〇年にピアッツァ北側が建て替えられて旧行政庁が建設されたのち、ピアッツァ南側に新図書館(現在のマルチャーナ図書館)とこれに並ぶ新行政庁が建設された。新図書館の設計者サンソヴィーノは、建設の際ファサードを下げて鐘楼を独立させるとともに、その建築ファサードにポルテイコ(都市回廊)を巡らせたルネサンス的意匠を与えた。そして、これに並んで建設された、新行政庁の設計者スカモッツィが、サンソヴィーノの意匠を受けてスカイラインを整え、ファサードのリズムを新図書館に合わせた。このとき広場は、アーチが連続するポルティコを持ったファサードで囲い込まれたルネサンス的なスタイルに一新されたのだ。

バロック的な逆遠近構成が、前時代のルネサンス様式で整えられるという、不思議な空間がこのとき実現した。同時に「天地人」を思わせる動的配置も決定的なものになった。

この広場は、今日の眼から見ると様式を超えた新しさ、美しさに満ちている。個々に経緯をたどればそれぞれの設計者の意図もあるけれど、それもまた歴史の要請であり、重層する時間が引き起こした空間造形の奇跡と思えてならない。それは、世界最高峰の空間という結果を要求された建築家たちが、呻吟し格闘して創り出した末の特殊解であり、だからこそエモーショナルな〝ゆらぎ〟となって、人の心を打つのである。

ちなみに、広場の幾何学的な舗装パターンは、一七二二～三五年ごろ、アンドレア・ティラーレによるデザインであるといわれている。

ところでヴェネツィアでは、ピアッツァと呼ばれる広場は、小広場ピアツェッタも含めてサン・マルコ広場だけだ。それ以外の市内の広場はすべて「カンポ」と呼ばれる。

この水都は、運河が網の目のように広がり、数々の橋で街路がつなぎ渡されながら、モザイクのように集落がちりばめられて形成された。それぞれの集落ごとに教区とカンポを持った結果、このまちには奥へ奥へと見え隠れしながらシークェンスが継起的に続いていく日本の回遊式庭園のような楽しさが生まれた。

水辺というシチュエーションによって魅力は増強され、まち全体がきらめくようなにぎわいの連鎖となっている。この空間的魅力には東洋も西洋もない。全世界から大勢の観光客を呼び寄せてやまない活力の源泉がここにある。

広場の建設経緯については、陣内秀信『ヴェネツィア』(鹿島出版会)が比較的詳しい。

06

# セルヴィ通りとサンティッシマ・アヌンツィアータ広場

## ヴィスタ＋アイストップという定型の構図を粉砕する、圧倒的な図像性を持ったルネサンスの革新的都市景観

フィレンツェ

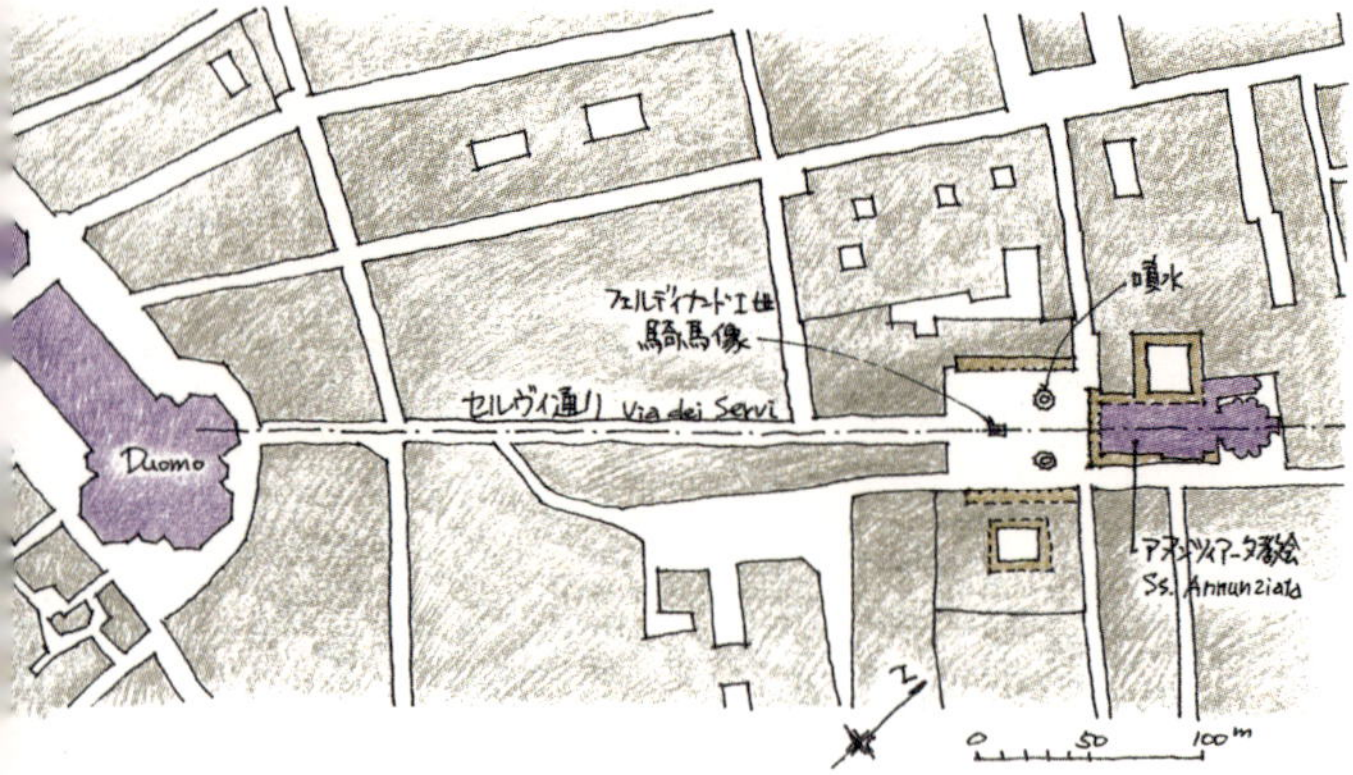


セルヴィ通りとサンティッシマ・アヌンツィアータ広場構成図

フィレンツェにおける聖母堂（ドゥオモ）――サンタ・マリア・デル・フィオーレ大聖堂は、神話の巨人のような圧倒的スケールで市街を睥睨《へいげい》し、まちの至る所からランドマークとして遠望することができる。これをアイストップとする都市軸になるよう設計されたのが、セルヴィ通りの突き当たりにある、ブルネレスキによるサンティッシマ・アヌンツィアータ広場だ。既往の通りをパースペクティヴのヴィスタ軸に「見立てた」形である。

　しかし広場本体は、自分の眼には、回廊に囲まれた整形の凡庸な空間にしか見えない。実際、いまだに駐車場的な使われ方しかされていない。むしろ見立てられたセルヴィ通りの景観こそ語られるべきだと思う。この光景を自分は大学院生の夏に初めて見たのだが、しばらくその場を動けなかった。

　フィレンツェのドゥオモとは、ゴシックの強靱さとルネサンスの造形意思が掛け合わされてもたらされた天与の構築物だったかもしれない。その圧倒的なヴォリュームと精緻な造形性は、論理立った都市の構図など粉砕するほどの図像的圧力を持って眼前に立ち現れる。それは、ヴィスタ＋アイストップという、定型の空間的構図の概念に先立つ、都市景観の革命であった。

　ここに一種の〝ゆらぎ〟を見る。それは形というより、スケールのアンバランスが

アイストップという概念をぶち破る圧倒的な存在感のドゥオモ。このセルヴィ通りの反対側にアヌンツィアータ広場がつくられた

引き起こすエモーションだ。

　その後のバロック期に、直線的街路によるヴィスタ景とその焦点としてのアイストップという絵画的構成は、次第に計算され精緻に整えられていくのだが、このルネサンス期はまだそこまで手法的に成熟していない。フィレンツェのドゥオモが完成した当時、その建築形態とその周辺街路の関係性は、まるでアンバランスだったからこそむしろ、人々に都市を芸術的にデザインすることの価値と可能性をエモーショナルに喚起したのではないだろうか。そのことが、続くバロックを触発した契機にもなったと思えてならない。

　スケールという概念では、都市の骨格の中におとなしく納まっていない巨大なものをしばしば「圧迫感」として否定しがちだが、この景観を見てそう言い切れるだろうか。スケールとは、都市と身体をダイレクトに関係付ける概念の一つであり、その可能性について語るべきことはまだまだ多いのだ。

07

# シニョーリア広場

フィレンツェ

## パースペクティヴの黎明期に機能と芸術性を兼ね備えようとした、ルネサンスの試作的装飾広場

ルネサンスを代表し、花の都フローレンスと愛称される大都市フィレンツェ。その中心といっていいシニョーリア広場は、一二八八年にヴェッキオ宮が完成し、次いで周辺の建物も撤去されて、一三五五年ごろ基本的な様相が整った。その後一五六〇〜七四年に、ジョルジョ・ヴァザーリによって、コロネード*1が連続するウフィッツィ宮が付け加えられた。

ルネサンスは、北方的なゴシックの反動から古典古代の、いわゆるローマ的な文化を復興的に再評価しようとする芸術文化運動である。この時代に流行った、ロッジア*2やポルティコ*3が矩形に巡る中庭的空間とは、いわばローマ的な広場（フォルム）への回帰なのだが、それは同時にルネサンスで発明された遠近法（パースペクティヴ）の都市的な表現として実に有効なものでもあったのだ。しかし、この広場におけるウフィッツィ宮は、本体のシニョーリア広場とは視覚的に一度切れており、有効に連動しておらず、付随的なものに終わっている。

だが、この広場のルネサンス的なところはもう一つある。一三七六年につくられたランツィのロッジア《Loggia dei Lanzi》である。のちにミケランジェロが、このロッジアを広場全周に延長しようと提案したが、もしそれが実現されていればルネサンス広場の大傑作になったかもしれなかったと思う。残念ながら彼のバロックを先取りする発想は時代

*1 コロネード colonnade とは、西洋古代建築における一形式で、列柱で形成された歩廊空間を指す。

*2 ロッジア loggia とは、「開廊」とも訳されるが、建築ファサードの一部に付随的に設けられた、屋外に対して開かれた屋根付きの空間。複数のアーチ構造でつくられることが多い。

*3 ポルティコ Portico とは、建物のファサードの一部において、街路に面して形成される屋根付きの歩廊空間である。一般に連続するアーチ構造で複数の建築にわたって連続して設けられる。

的に早すぎた。

この広場空間を芸術的に飾り立てる手法は、彫像に求められた。一五〇四年にダヴィデ像がヴェッキオ宮の角に配置され、これが出発点となって他の彫刻が配置された。

広場をただ彫刻で飾り立てるなぞ、空間芸術として、今ではあまり褒められた手法とは思えない。しかし、それは一方でこの広場がルネサンスという精神、都市運動がまさに勃興した瞬間を凍結した空間であることを示している。

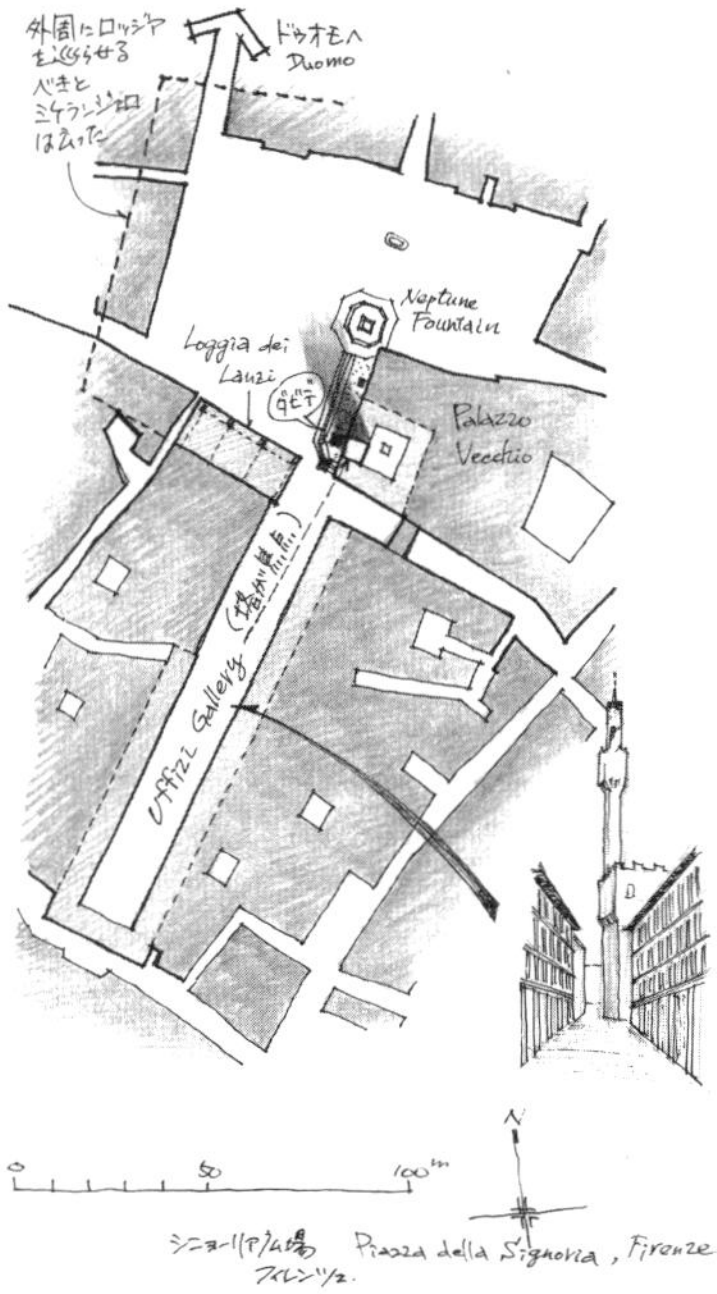

シニョーリア広場構成図

ランツィのロッジア（開廊）から見るシニョーリア広場。ミケランジェロは、このロッジアを広場全周に延長すべきと提案したが実現しなかった

08

# ドゥカーレ広場

ヴィジェーヴァノ

## 完璧なパースペクティヴと〝ゆらぎ〟を持つルネサンスの宝飾広場

ルネサンス期は、しばしば都市の一部を刳りぬくように、いわば周辺街区とは無関係に、小規模のスクラップ・アンド・ビルドで広場が創り出された。ミラノ近郊の小都市ヴィジェーヴァノに築かれたドゥカーレ広場はその典型である。

旅行案内書にはレオナルド・ダ・ヴィンチの設計とされているが、実際には彼とブラマンテの協力を得てアンヴロジョ・ディ・クルティスが手を動かしたといわれる。しかし実際に現地に行ってその空間構成を子細に分析してみると、これが実に緻密で、ダ・ヴィンチの設計というのもあながち間違いではないのではないかと思えてくる。

ドゥオモ（聖母堂教会）を焦点に三方を完璧にポルティコ（都市回廊）が巡るルネサンス的パースペクティヴ空間である。この静的な構成にブラマンテ設計のスフォルツェスコ城の塔がアクセントを与えている。この構成が実にうまい。広場の内部空間に入ると、塔とドゥオモ、この二つの焦点が、相対しつつ心地よいバランスで空間を引き締めている。

塔は、広場の中心から少し西へシフトした位置にある。この位置は日本的な感覚でいうと、ドゥオモと対比的な関係で「間」を取ってバランスをとっているように思える。ダ・ヴィンチはどういう感覚でこれを使ったのだろうか。

パースペクティヴ空間は徹底している。ドゥオモに向けてついているわずかな下り勾配に合わせて、建築ファサードも並行している。つまり、建物を水平にしてポルティコの柱の長さで調整すればいいところを、内部空間としては使いにくいだろうに、わざわざ上屋に勾配をつけてパースペクティヴを優先させているのである。

それだけではない。広場の床は、玉石と超大判の御影石がコントラスト高く、優美に造形されている。実はこの舗装パターン、単なる装飾文様ではない。広場は既往街路と四か所で接続しているのだが、パターンはその位置を正確に受け取り、広場中央へ導いて結び合わせる動線構成

幅広い白御影石の舗装パターンは、実は地区動線を受けている。広場中央できらめくような円形装飾が都市のノードを祝福する。パースペクティヴの焦点であるドゥオモは、広場に合わせてファサードだけ改修された。正面に向かって最も左の開口は、背後の街路の入口である。鐘楼は建て替えられなかった。だから向きがずれているのだが、これが空間的にいいアクセントになっている

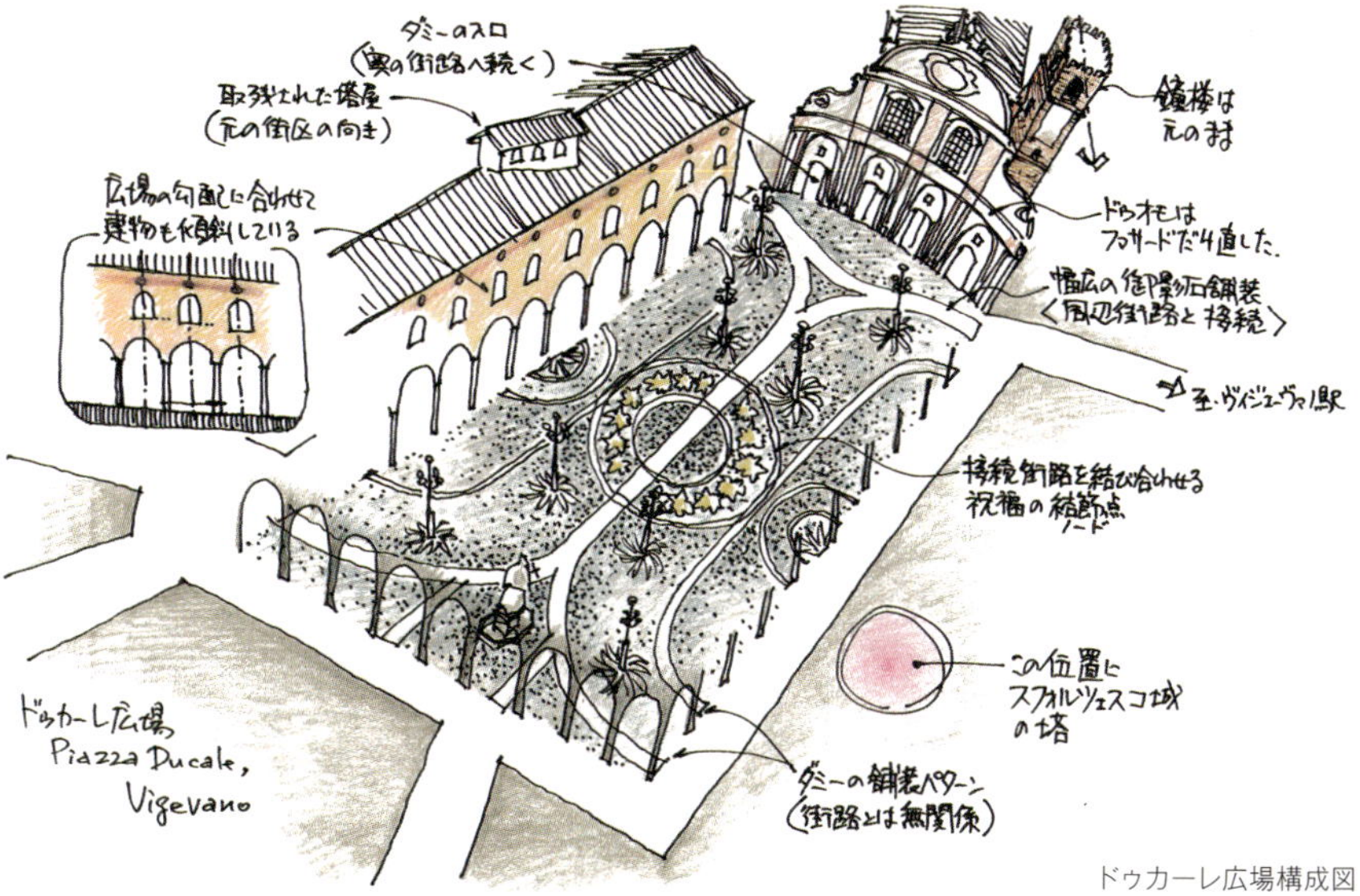




ドゥカーレ広場構成図

を図像化したものになっているのだ。

実際、玉石は歩きにくい。どうしても線状の御影石を歩きたくなるのだが、接続された街路から広場へ入ると、その舗装パターンに導かれて自然と広場中央へ導かれるようにできている。そして広場の中央には、きらめくような円形の装飾文様が待ち構え、都市のノードを祝福している。

つまり、この広場は、バロックの精神を先取りしているかのように、不規則だったまちに、中心と結節点（ノード）を与え秩序を創り出すという、都市計画的な意図でデザインされていると見ることができるのだ。

ただし、動線をベースにしつつもこれに固執せず、動線とは無関係のダミー・ラインを平気で入れて意匠を整えているのが文芸復興のルネサンスらしい。機能は機能、しかし芸術性は譲れないといったところか。

広場は一四九二～九八年に建設されたが、ドゥオモの向きが広場に正対するようにファサードが改められたのは十七世紀に入ってからだ。

パースペクティヴを完成させる上で、焦点たる教会ファサードがあさっての方向を向いているのはあり得ない。最初の構想の段階から、ファサード改修は予定されていたと考えるべきだ。それが実現するまでに時間が掛かるのは、この広場に限った話ではない。

ただ、なぜファサードだけを直したのかが気になる。

ここまで完璧なパースペクティヴ構成を実現していながら、実はファサード以外に妙なところで不完全さが散見されるのである。

まずはドゥオモの横に建つ鐘楼だ。整備前と同じ向きであるため、広場の軸線に対してわずかに向きがずれている。このズレは、指摘されれば誰でも分かる程度の明瞭なものであり、広場全体がスクラップ・アンド・ビルドなのだから煉瓦造の鐘楼くらい向きを整えるのは何でもなかったはずだが、そうしていない。

しかし、これが構図上のアクセントとして効いている。むしろ、向きがずれているからこそバランスが取れている。同じ向きだと、シンメトリーにもう一本必要になってしまうし、またそれでは整いすぎて息苦しい。

まだある。ポルティコに支えられた外周建築を見渡すと、屋根の上の塔屋が以前の街区の向きを反映して曲がったまま無造作に捨て置かれているのに気付く。広場の内部空間から隠そうという意図もなく、それは剝き出しの状態で視界に入る。撤去するか、少なくとも改築するのは鐘楼よりさらに造作なかったはずである。

おそらく、何らかの理由で内部景観としての透視図的アングルのみが重視されたためと推察できるが、いずれにしても、これらの不完全さが整形の堅苦しさを救い、心地よい〝ゆらぎ〟となって空間をエモーショナルに仕立て上げているのである。

ドゥオモを焦点に回廊（ポルティコ）が巡る、典型的なルネサンス的パースペクティヴ空間

ドゥオモに向かうわずかな下り勾配に合わせて建築ファサードが並行しているため、窓の高さが次第に下がっている。しかし、ここまで精密な造形をしながら、屋根の上の塔屋は無造作だ

ドゥオモとスフォルツェスコ城の塔が、ともに広場の主景としてダイナミックなバランスで空間を引き締めている

09

# カンピドリオ広場

ローマ

ルネサンスからバロックへ時代を橋渡しした、ミケランジェロによる精密機械のような都市デザイン

広場の主軸の延長上で市街へ伸びる大階段。下に向かってわずかに先細りになっており、上から見ると距離を長く感じさせる

にぎわい空間として評価するなら、正直にいって自分はただの一度もここに来て楽しいと思ったことがない。しかしこの広場の価値はそこにはない。広場を単体空間として扱う時代の中で、都市軸的な概念にいち早く到達していたのがミケランジェロであり、この短いヴィスタ景こそバロックに先駆けた都市デザインの記念碑といっていいものだ。

まず、「逆遠近」である。

ローマの中心といっていいカピトリーノの丘に、時の教皇パウルス三世の依頼でミケランジェロが広場を構想したのは一五三六年ごろだが、そのとき正面のローマ市庁舎と右側のコンセルヴァトーリ宮、この二つの建物が前提になっていた。

ミケランジェロは、この市庁舎を中央に定め、これを主軸としてコンセルヴァトーリ宮が反転したような構成で新宮パラッツォ・ヌォーヴォを計画した。その結果が、奥に向かって開く、台形状の広場形状である。

すでに逆遠近の効果を読み切っていたことは間違いない。なぜなら、ミケランジェロは、同時に建物のファサードを一新したから。市庁舎のファサードは、基壇部の上に二層構成とし、それを貫く大オーダーをピラスター（付け柱）で整えた。そして、そのモティーフを両翼の建物にも繰り返すことで広場のファサードを統合し、空間全体に統一感を与えた。同時に、左右の建物の軒線高さに対して、市庁舎のそれを一段高く設定した。逆遠近構成は、それ自体で正面の建物を実際以上に堂々として大きく見せる効果があるが、市庁舎の高さを実際に上げることで、これを強調したのである。

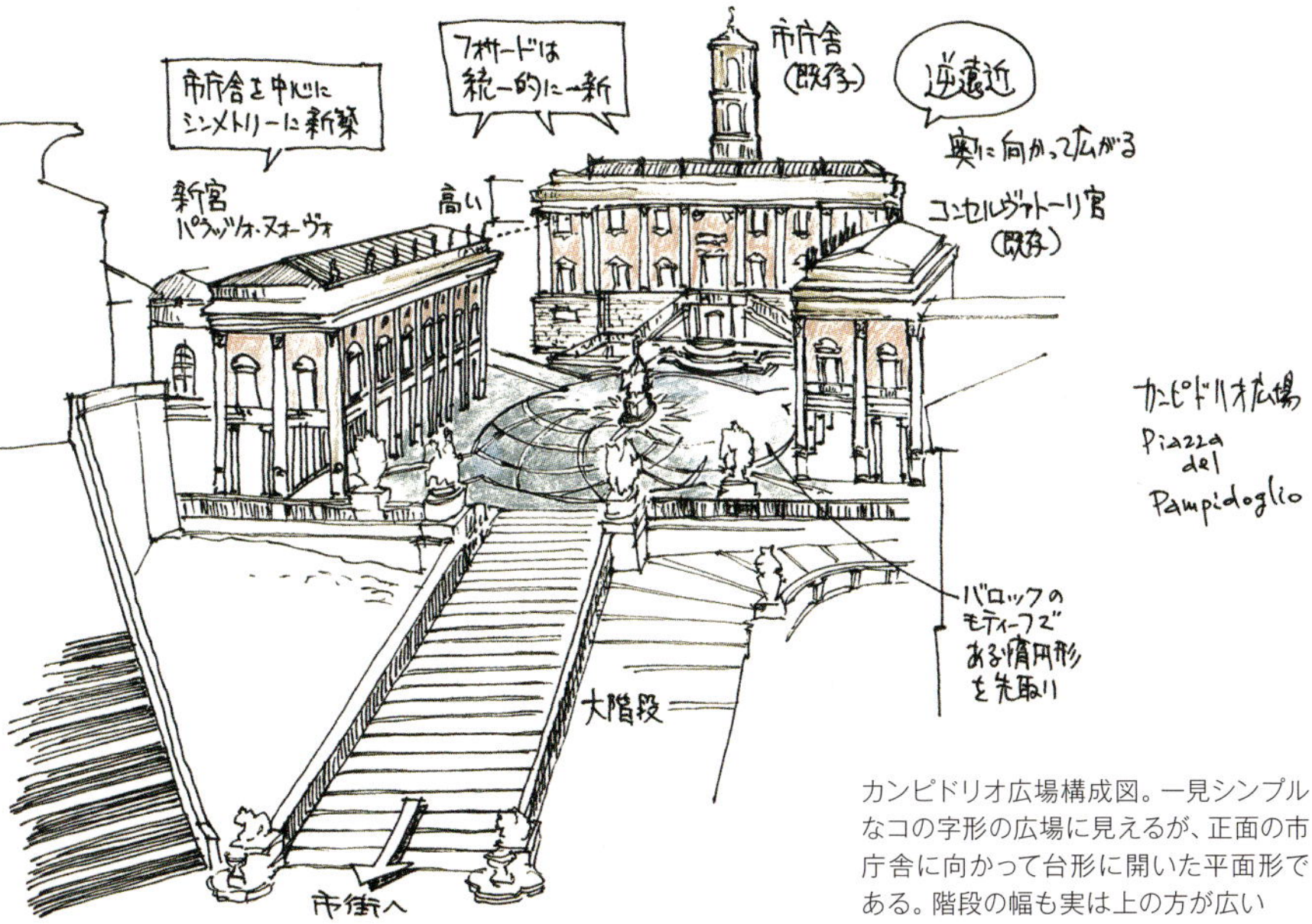


カンピドリオ広場構成図。一見シンプルなコの字形の広場に見えるが、正面の市庁舎に向かって台形に開いた平面形である。階段の幅も実は上の方が広い

この全体構成をさらに完成すべく、広場の床面には、これまたバロックを先取りした「楕円形*」をレイアウトし、かつ緩やかなムクリを与え、中央のマルクス・アウレリウス帝の騎馬像を取り囲む幾何学的な星形模様の舗装パターンでまとめ上げた。

さらに、これらの中心軸上に大階段を設けて市街と結んだ。実に緻密な、空間彫刻といっていいほど完璧な都市造形である。

ローマ市庁舎を主軸とする、シンメトリカルで静的に見える空間構成が、実は入念に錯覚を利用した、動きのある構造を内包していることにはなかなか気付かない。

微塵のゆらぎもない完璧性を持った空間構成――しかし、だからこそ空間が乾いた彫刻のように凍りつき、まるで時間が止まったようになっている。自分には、息苦しいこと甚だしいのである。

*楕円は、バロックを象徴する造形モティーフである。

ミケランジェロは広場とともに、周辺建物もファサードを一新した。正面の市庁舎は、基壇部の上に2層構成とし、それを貫く大オーダーをピラスターで整えた

10

# ドゥオモ広場とガッレリア

ミラノ

## 壮大にして華麗なゴシック・モニュメントに飾られた、しかし凡庸なバロック広場と、それを救う天蓋を持った屋内広場

ミラノのドゥオモは、一三八六年にミラノ領主ヴィスコンティ家によって、ローマのサン・ピエトロ大聖堂に次ぐものをと構想されたゴシック建築であり、その後、実に五世紀をかけて建設された堂々たるモニュメントである。

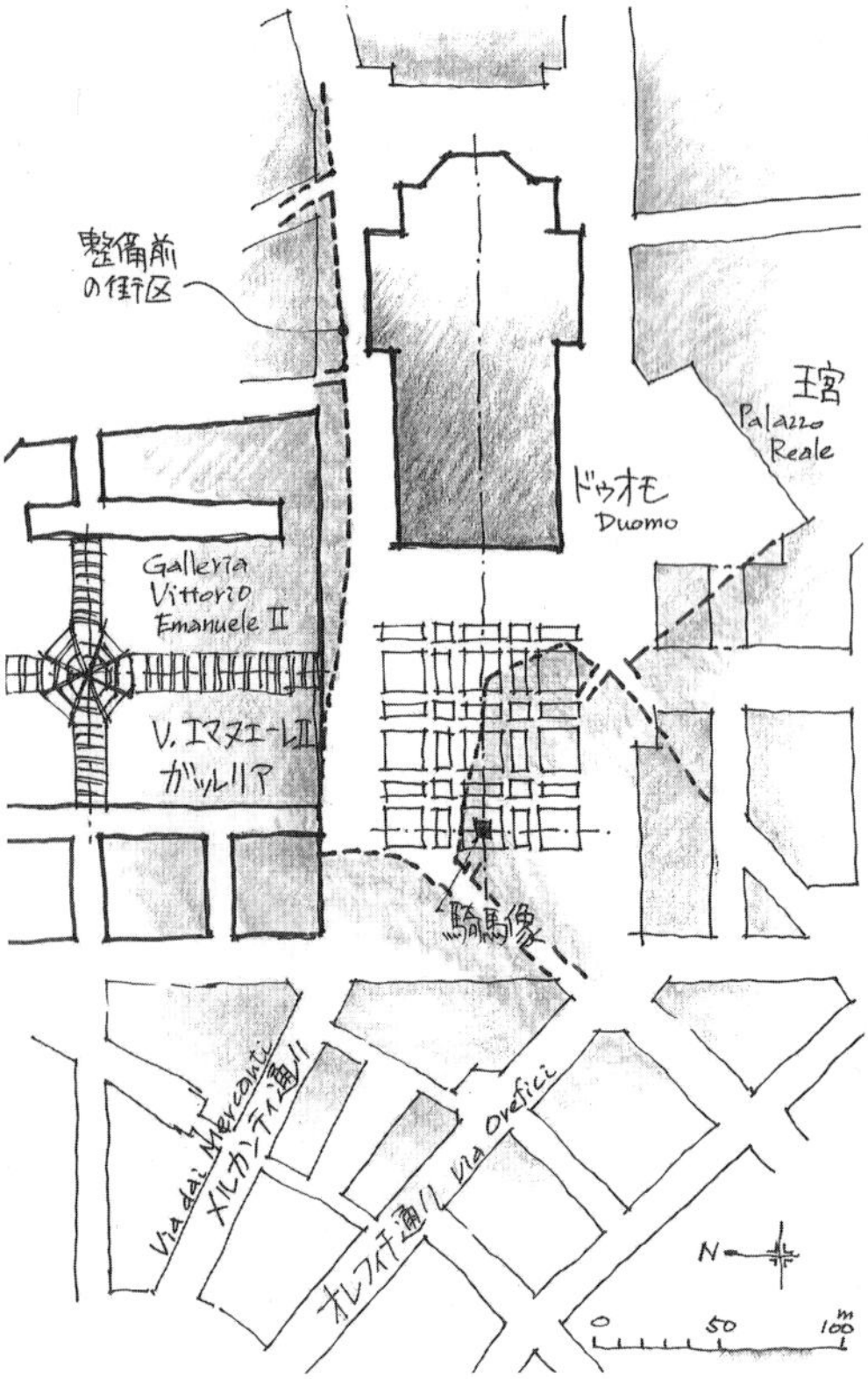


ドゥオモ広場の変遷と構成図

その前の広場は、もともとは整形の空間ではなく、フィレンツェのドゥオモ広場のように、建物に対してオープンスペースが小さく、バランスが取れていないものだった。フィレンツェは改造せず現在に至ったが、ミラノは一八六一年のコンペによってこれを大改造した。その結果、ドゥオモとほぼ同等なヴォリュームの広大なオープンスペースが得られたのだが、残念ながらつまらない整形の空間である。

ジッテの五原則に従わない典型的な近代広場の例だ。

①広場の中央こそ自由にオープンになっているが、広場西端にヴィットリオ・エマニュエレⅡ世騎馬像が据えられている。これがドゥオモの主軸の上に乗っていて邪魔だ。

その両翼からメルカンティ通りとオレフィチ通りという二本の大通りが抜けている。そのことによって②閉ざされた空間でなくなってしまった。こうなると、③広場の大きさと形が整えられても気が抜け

天蓋を持った広場ともいうべきヴィットリオ・エマニュエレⅡ世ガッレリア。差し込まれる光によって空間が敏感に反応し、刻一刻と表情が変わる

ドゥオモ広場は、1861年に現在の形になった。側面にあるのが、ヴィットリオ・エマニュエレⅡ世ガッレリアで、広場は2つのファサードに囲まれている

てしまう。

そして、④不規則な形態とは正反対の整形の空間が単調さを招き、せめて⑤広場が群で構成されていればと思うのだが、これも叶わない。

それでもにぎわってはいる。何しろ五百年を掛けた宗教的モニュメントの前庭なのだ。しかもその横には、ヴィットリオ・エマニュエレⅡ世ガッレリアが鎮座する。にぎわわないはずがない。こんな凡庸な空間でも、だ。

むしろガッレリアの内部空間の方がよほど広場的である。これは単なるアーケード空間というより、天蓋を持った広場というべきだ。天蓋があることで、むしろ天候や時間の変化に空間が敏感に反応する。差し込まれる光が刻一刻と内部空間の表情を彩り豊かに変化させて飽きることがない。

ドゥオモ広場のにぎわいは、実はドゥオモだけでは成立していない。ガッレリアの前庭という複合的な性格が活力を与えているのである。

11

# コンドッティ通りとスペイン広場

## 絶妙な〝ゆらぎ〟を持った、バロックを代表する立体複合広場

ローマ

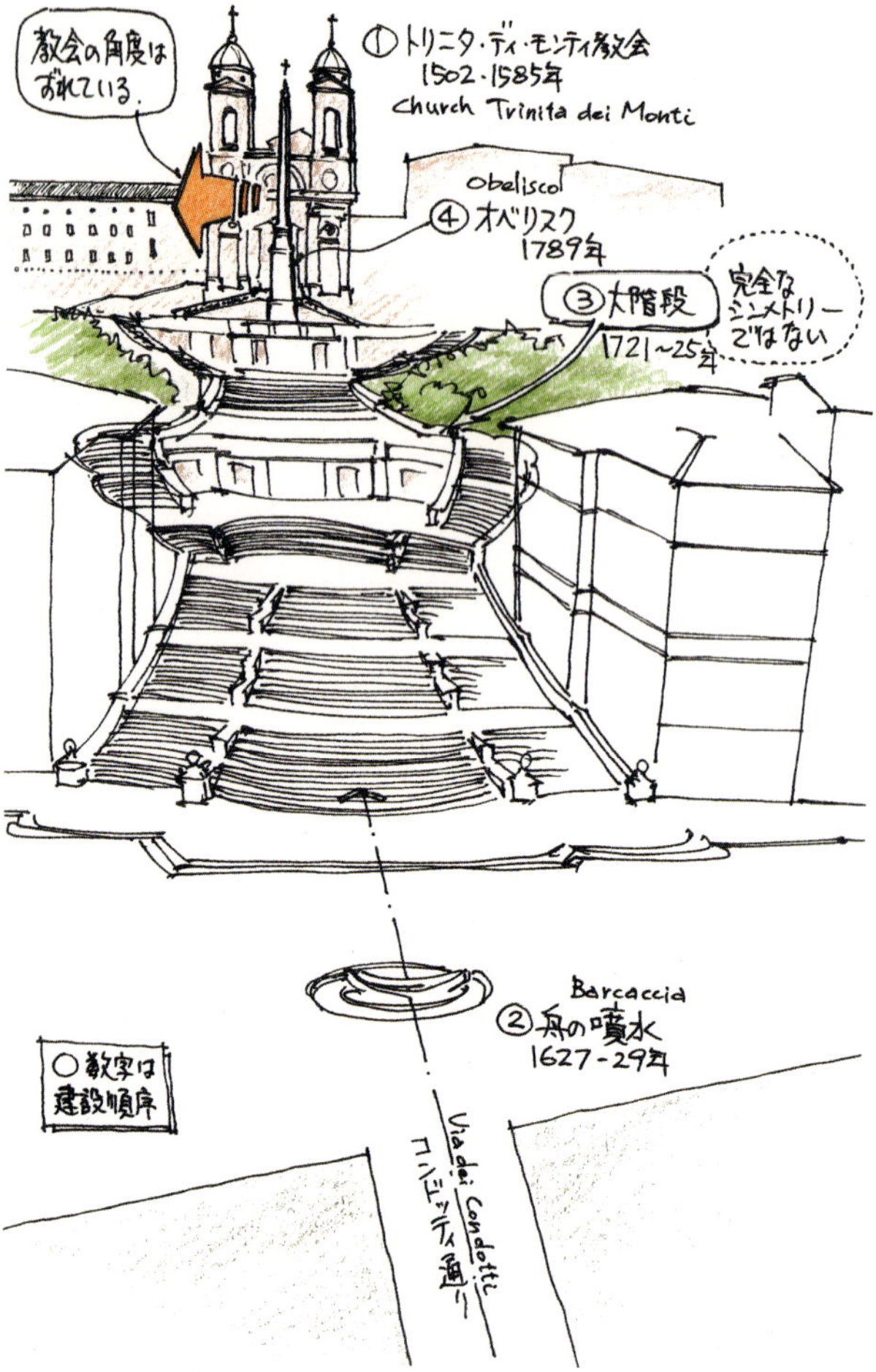


スペイン階段構成図

舟の噴水のあるバブィーノ通りの溜まり空間を指してスペイン広場と呼ぶ場合もあるが、正確には教会を主景にオベリスク、噴水などが大階段で統合された立体複合広場である。コンドッティ通りのアイストップとしてデザインされているが、よく見ると教会の向きは軸線から微妙にずれており、階段も完全なシンメトリーではない。いや、階段が微妙にゆらぐことで、違和感のない動的なバランスが保たれているのだ

映画『ローマの休日』のあまりにも有名なシーンのおかげで、それにつけこんでとんでもなく高価なコーンアイスを買わされる羽目になるとしても商売が成り立つのは、映画の影響ばかりではなく、この場所の祝祭性あふれる豊かな空間性によるものだろう。

頂上のトリニタ・ディ・モンティ教会、教会前のオベリスク、大階段とその下の「舟の噴水」という施設群というセットによって、コンドッティ通りのアイストップとしてデザインされた立体広場と見るべきである。ただし、設計者はす

ローマの銀座ともいうべき、コンドッティ通りのアイストップにスペイン階段は造形された。階段は有機的に歪められているのだが、一見そうは見えない

べて異なり、三百年近い時間を経て今日の姿に至った。

まず、頂上の教会だが、フランス国王ルイ十二世の命により、フランス人のための教会として一五〇二年に建設が開始され、一五八五年に完成した。当時、教会下に階段はなく、急峻な崖地であった。

次につくられたのは「舟の噴水」である（一六二七～二九年）。ジャン・ロレンツォ・ベルニーニの作だといわれているのは間違いで、正しくはその父ピエトロのデザインである。残念ながら息子に比べて明らかに出来が悪い。

階段本体は、建築家アレッサンドロ・スペッキとフランチェスコ・デ・サンクティスによって、一世紀後の一七二一～二五年につくられた。建設当時は敷地横にスペイン大使館があったからスペイン階段と呼ばれたようだが今はない。

最後に教会前にオベリスクが建つ。教皇ピウス六世が、巡礼者の道標として、ポポロ広場のオベリスクを小さめに模造したものを一七八九年に建てた。

この一連の建設の中で、何が最も重要かといえば、いうまでもなくサンクティスらによる大階段である。この階段の完成によって、トリニタ・ディ・モンティ教会が「舟の噴水」とともにコンドッティ通りと結びついた。

実は大階段の平面形は、微妙にシンメトリーではない。よく見ると教会と階段の軸線は少し向きがずれており、階段下のパブイーノ通りとの角度も斜めになっているのを、建築家は巧妙に階段の造形で調整しているのだ。

これらの造形がもたらす〝ゆらぎ〟は実に魅力的だ。教会が完全に正面を向いていたら、また階段が完全なシンメトリーだったなら、今ほどのにぎわいを生むだろうかと考えざるを得ない。わずかにずれた軸線が歪みとなって、空間に動きとふくらみを与えている。ヴィスタを整えようとする建築家の造形センスが、このズレを都市の活力に高めたといえるだろう。

12

# ナヴォーナ広場

ローマ

## 不利な形状を逆手に取った、教会と広場がせめぎ合うバロック広場の傑作

ナヴォーナ広場のこの細長い敷地は、ローマ時代にドミティアヌス帝がつくらせた屋外競技場に由来する。現在広場を囲い込む建物群は、競技場の観客席の跡地なのだ。

ナヴォーナ広場が現在の形にリメイクされたのは十七世紀である。

教皇の依頼を受けたジャン・ロレンツォ・ベルニーニは、極端に細長い敷地に三基の噴水を配置して広場空間を構成した。中央にオベリスクを持った「四大河の噴水」、南北にそれぞれ小ぶりな「ネプチューンの噴水」と「ムーアの噴水」を配して、広場に中心性を与えるとともに、空間を適度に分節して、使いやすいヒューマンスケールのオープンスペースを創出したのだ。

主景であるサンタニェーゼ・イン・アゴーネ教会*1は、ジローラモ・ライナルディとフランチェスコ・ボッロミーニの設計だが、建造されたのは一六五二～七七年で、広場整備に数年遅れている。おそらく構想は同時期だと思われるが、ベルニーニとボッロミーニが互いに協働していたとは考えづらい。なぜなら本来、主景である教会の鼻面を押さえるようにオベリスクを突き刺すはずがないからだ。

教会は、極端に横長の敷地のほぼ中央に建てられた。この位置*2は、建築家が選んだのではなく、設計与件だったのだろうが、それにしても厳しい場所だ。「四大河の噴水*3」によって完全に正面が塞がれてしまっているのだ。

しかし、わずかに中心軸がずれているのを巧みに使って、建築家たちは丸屋根（クーポラ）をファサードのすぐ後ろから立ち上げるなど工夫を凝らし、「通例の中央からのパースペクティヴよりは、広場の様々の地点から得られる斜めのパースペクティヴに期待した（『都市と広場』鹿島出版会）」といわれている。

とにかく、この絶妙なズレが効いている。広場と教会は、完全にシンメトリーに見えつつも、実際にはそれぞれが存在感を主張し合い、緊張関係を持って対峙する迫力が生まれた。この広場は、静的に見えながら、見る角度によって美しく激しく〝ゆらぐ〟。それがこの広場に活力を生んでいるのだ。

ナヴォーナ広場のにぎわい



ナヴォーナ広場構成図

広場中軸の四大河の噴水とサンタニェーゼ教会は、中心軸がわずかにずれて接するように建ち並び、互いにせめぎ合うような緊張感が生まれた

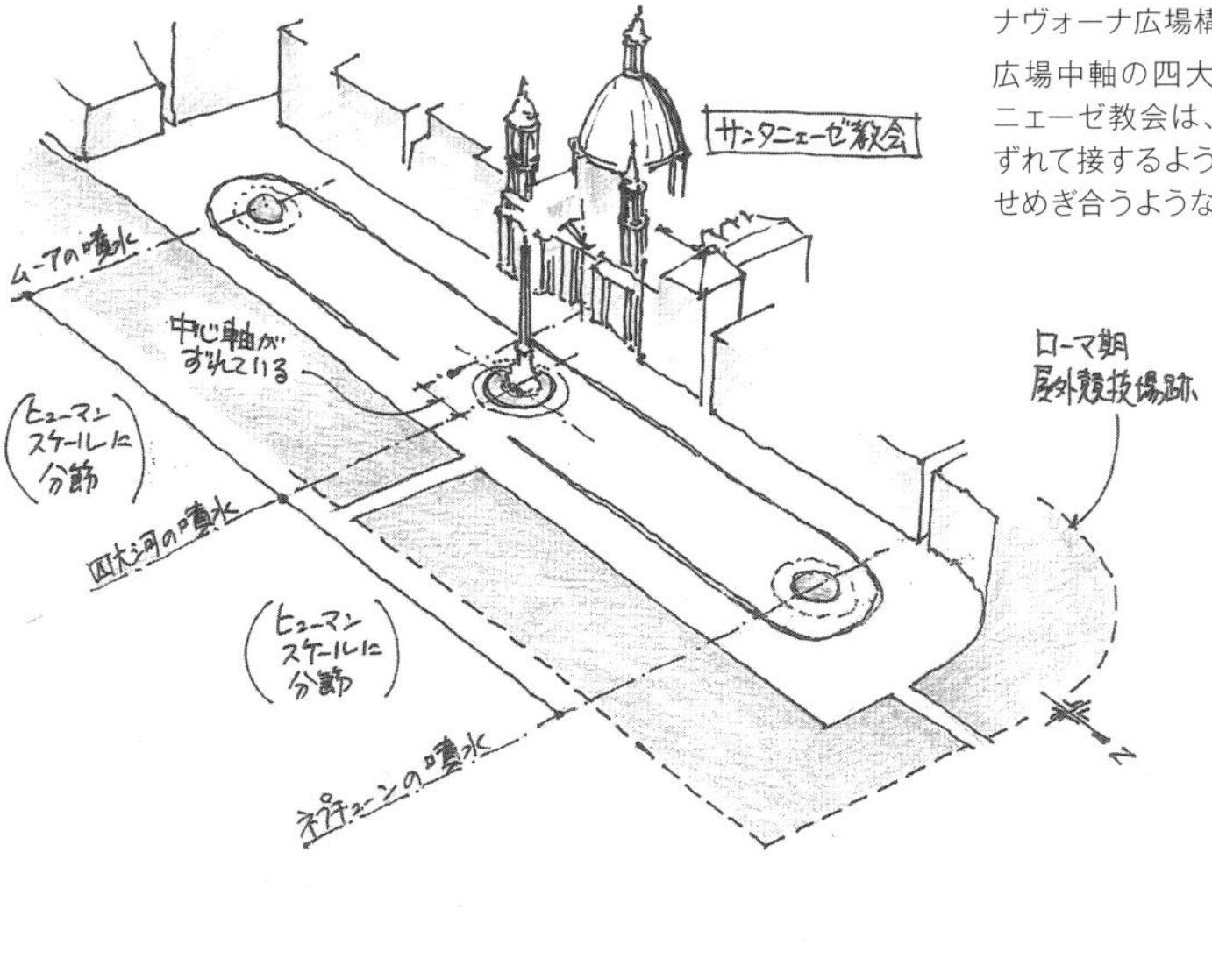


＊1 教会名の「アゴーネ」とは「競技」という意味で、地下には現在も競技場の遺構がある。

＊2「教皇インノケンティウス十世は、自分の家族の館が面するこの広場をモニュメンタルに改造することを望み、古いサンタニェーゼ教会の再建と、広場の中央に噴水の建設を考えた。」(『都市史図集』彰国社)

＊3「四大河の噴水」は一六四七〜五一年に建造され、南側の「ムーアの噴水」はもともとあった噴水のつくり直しであり、北側の「ネプチューンの噴水」もベルニーニの計画だが、実際につくられたのは十九世紀のことだ。

# サン・ピエトロ広場

ローマ

## バロック技術・芸術の集大成であり、荘厳な躍動感を顕在化させた都市デザインの交響曲

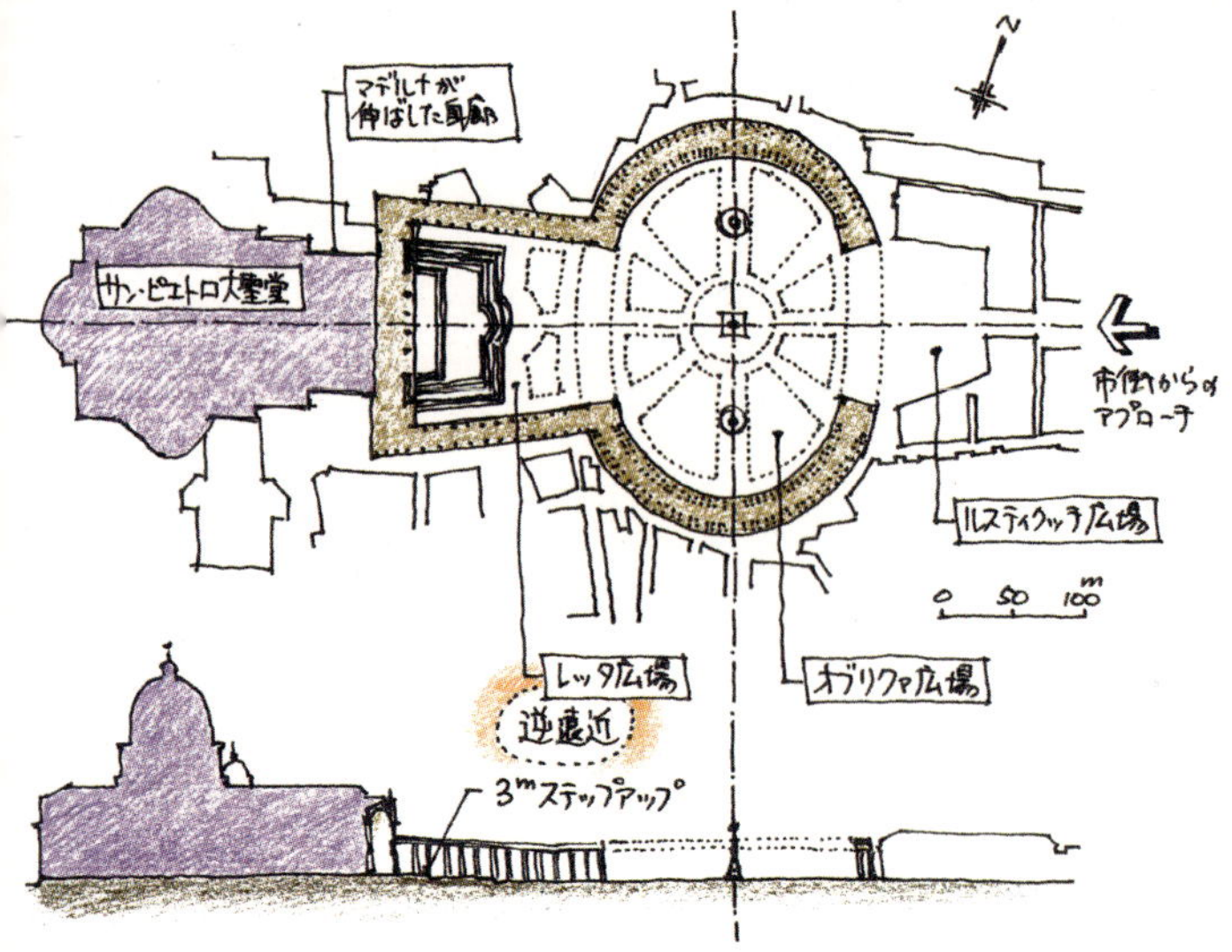


サン・ピエトロ広場構成図

西欧の教会や寺院は、いわゆる参道を持たない。しかしカソリックの総本山であるヴァチカンのサン・ピエトロ大聖堂は、例外的に参道的なアプローチ空間を持っている。だが、これは正確には、建築的に構成された三つの広場の複合体というべきものだ。ベルニーニがデザインした、世界最高といっていい技術と完成度を誇る宗教広場である。

サン・ピエトロ大聖堂は、ブラマンテの原案をもとに数人の建築家が挑戦しつつも決定案を出せず、最終的にはミケランジェロが決着させたことはよく知られている。このミケランジェロの集中形式の平面形に対して、のちにバシリカ形式にするため身廊を伸ばしたのは建築家マデルナである。その結果、近くに立つと大聖堂の丸屋根の付け根（胴部）が隠され、バランスの悪いものになってしまった。ベルニーニは、この前提条件に決着をつける役割を負わされたといっていい。

この難問に対して、ベルニーニは市街から聖堂の内部へと至る一連のアプローチ・シークェンスを、まるで壮大な交響曲のように一連のドラマ空間に仕立て上げる形で解答して見せた。

門前を形づくるルスティクッチ広場、壮大な楕円形のコロネードで構成されたオブリクァ広場、そして大聖堂につながるレッタ広場で構成されている。

ルスティクッチ広場は、周辺の街並みにつながる助走的なオープンスペースといった風情だが、メインのオブリクァ広場

壮大な楕円のコロネードによるオブリクァ広場は、円形劇場的な構成。その奥がレッタ広場であり、3.5mステップアップしながら大聖堂へ逆遠近平面でつながる。回廊は大聖堂より低く設定されて、建築ファサードを強調する

入口のルスティクッチ広場から望む。参道的な空間配置は西欧広場としては珍しい

は二百八十四本のドリス式オーダーによって囲われた荘厳な楕円広場だ。軸線に直交した横長の構成は、ローマ教皇の祝福を受けに集まる群衆を収容する円形劇場であり、アプローチに直交することで、動線の動きにブレーキがかかり、人々が集いにぎわう場がパノラマ状に展開する意図だと考えられる。

オブリクァ広場の先は、「逆遠近法」のレッタ広場が受け取る。

レッタ広場の回廊は、大聖堂の高さの半分に抑えられ、さらに三・五mの段差処理で聖堂を持ち上げて見せることによって聖堂の視覚的効果を最大に引き上げた。これはミケランジェロがカンピドリオ広場でしてみせたことと全く同じ、いや壮大な応用である。

逆遠近は、建物を実際より大きく強く感じさせるものだが、その印象のまま建物内部に入ると、さらに高さを持った大伽藍に引き継がれていくという演出なのだ。

オブリクァ広場によって囲い込み、レッタ広場によって引き絞って大聖堂を謳い上げるサン・ピエトロ広場のこの構成は、大聖堂と主軸を正しく同一のものとし、パースペクティヴな構図に微塵のゆらぎもない。楕円と逆遠近構図という、バロックを代表するモティーフを用いて荘厳な躍動感を都市空間に具現化させた。

14

# ヴォージュ広場

パリ

## にぎわうはずもないのににぎわう、パリ最古の、最も美しく愛らしいバロック期の王室広場

矩形に切り出された空間の中は、外周に車道が巡り、建物と広場本体とは接していない

アンリ四世の時代につくられたパリで最古の広場であり、ヴァンドーム広場、コンコルド広場などと並ぶフレンチ・バロック期のプラス・ロワイヤル(王室広場)だ。

一六〇五〜一二年に、広場敷地を正方形に切り出すように、コロネードを伴った建物が外周に建設され、その内部には、柵に囲われた中にルイ十三世騎馬像が真ん中に立つ砂地のオープンスペースが確保された。矩形平面の中庭的広場で、中央に為政者の彫像やオベリスクを置くという、王室広場の定石的な構成である。

その中に造園的に芝生が入ったのは一六六三年、高木が植えられたのは一七九二年というから、この広場もまた現在の姿に至るまでに二百年近い時間を要している。今では、広場というより、ほとんど公園というべきものだ。

ナポレオン三世による第二帝政期に入り、一八五二年からオースマンによるパリ大改造が始まって、直線的街路を束ねかつ都市を装飾するノードとしての交差点広場を基本として、パリの都市の文脈は書き換えられた。コンコルド広場やエトワール広場といった王室広場は、そのまま都市のノードとして巧みに組み込まれた。

しかし、いくつかの王室広場は、ヴァンドーム広場のようにその新しい都市構成から遊離して取り残され、また取り潰されて消滅した。このヴォージュ広場も取り残

柵の内部は、幾何学的に区切られた整形庭園

広場本体は柵に囲われ、ゲートを抜けて入る

された口だが、今ではパリで最も美しい広場と呼ばれ、観光客よりもパリに暮らす人々の日常の遊び場、くつろぎ空間としてにぎわっている。

しかし、この広場は、空間的に本来にぎわうはずがない形をしているのだ。

コロネードを持ったファサードが取り囲む整形敷地である。建物に沿って車道が巡らされ、いわゆる広場空間はその内側に、柵で囲われて形成されている。それだけでもにぎわいが損なわれておかしくない。

しかも、その内部構成は、広場というより古典的な庭園のロジックでデザインされている。十字平面の園路が内外を貫通して緑地を閉じ込めた、シンメトリカルなものだ。中世の修道院の中庭などに起源を持つ、古めかしい様式に他ならない。

単純な田の字形の構成で動きに乏しいこの広場は、カミロ・ジッテの広場の五原則に照らし合わせてもほとんど当てはまるものがない。本来なら硬直した、にぎわいの薄い、美しいかもしれないが古臭くてつまらない広場空間になるべきところだ。

しかし、実際は何とも気持ちのいい空間なのである。

噴水や砂場で遊ぶ子供たちの歓声が絶えない。豊富な緑量がそれを心地よく吸収して、広場全体に柔らかく投げ返していた。外周並木の涼やかな木洩れ日の下で、ぼんやりとそんな光景を眺めながら、こんな整形空間がなぜ心地よいのだろう、と不思議な思いだった。

一つには、庭園をはるかに超えた広場的スケールが効いている。広々として明るい。

さらに、全周にわたってつくり込まれた建築ファサードが、見事な領域性を形成していながら、外周に道路を配したことで、ファサードから引きができて、適度な囲まれ感となっている。囲まれた感じが重苦しくないのだ。建築ファサード、外周道路、フェンス、並木と、玉ねぎの皮のように数層で領域が形成されているこの構成は柔らかい。だから心地いい。

広場本体の内部空間でも、やはりスケー

ヴォージュ広場の芝生でくつろぐ人々。矩形の広場を取り囲んでファサードが巡るが、適度に引きがあるため重苦しくない。緩衝緑地（バッファー）としての並木も効いている

ル感がいい。オープンスペースのメインである芝生地がヒューマンな快適さを持っているのは、前後の緑陰とのスケールバランスとプロポーションの良さに起因する。

この設計者は（誰の手柄か分からないが）、ただ空間を埋める整形式庭園の様式に終わることなく、明らかにアクティヴィティを形成する意図でこの空間を創り上げている。

能力ある設計者が意図してデザインすれば、中央にオープンスペースを持たない幾何学空間ですら、十分にアクティヴィティを生成することが可能であるということを、この広場は実証している。

この広場には感銘したし、設計技術の奥の深さを見せられた。

外周の並木はヴォリュームがあり、広場空間内部に心地よい領域性を確保する

広場の四隅に置かれた噴水も古典的造形

砂場は子供たちの遊び場

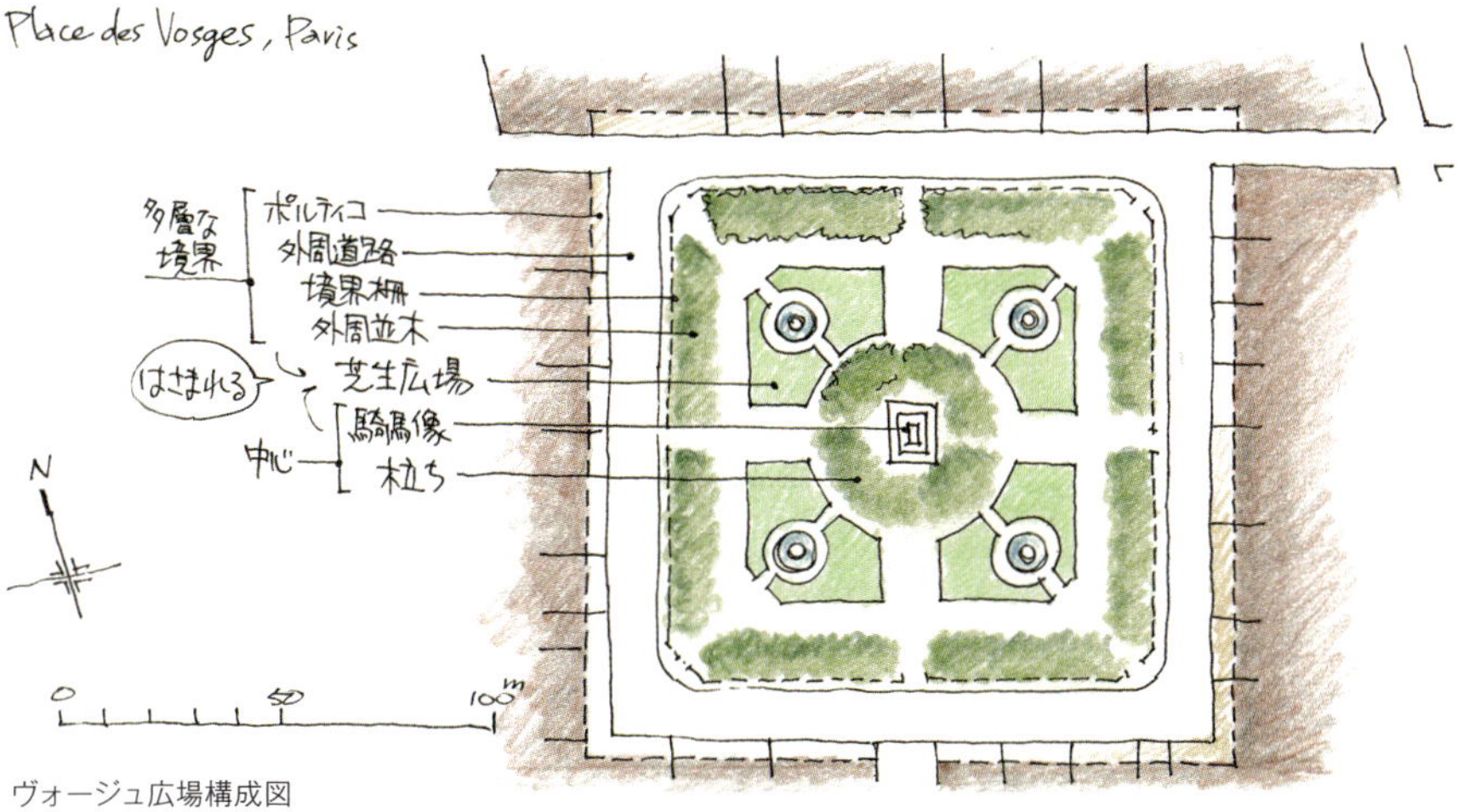


ヴォージュ広場構成図

# 2-2

# にぎわい空間のモダニズム

## オースマンによるパリ大改造とそれ以降

バロック以降から近代までは、ロココ、新古典主義というスタイルがフランスを中心に興り、やがて、折衷様式としてのネオゴシック、ネオルネサンス、ネオバロックが流行した。それらの様式は、建築と美術においては細目的に進化したが、都市デザインにはさざ波のような影響でしかなかった。

その後、「ヴィスタ＋アイストップ」という空間概念が、都市の造形手法として完成したのは、オースマン知事によるパリ大改造以降であるということは既に述べた。オベリスクを持った交差点広場と放射状街路という構成は、産業革命によって交通メディアが馬車から列車、自動車へと進化するのに合わせて、都市を総体として構想し、計画する時代の基本ロジックとなった。

パリの都市景観は、時代の潮流そのままに、一八九三年のシカゴ万国博覧会で「都市美運動（シティ・ビューティフル）」に継承されアメリカへも飛び火した。アイストップを持った軸線街路と整った沿道建物のスカイラインといった、この近代的コンセプトは、シカゴやワシントンDC、ニューヨーク等多くの都市施策に影響を与え、やがて近代建築運動と歩調をそろえることになる。

二十世紀に入ると、バウハウスやCIAM（近代建築国際会議）など近代建築の様々な運動がこれに重なっていった。一九二五年には、ル・コルビュジエがパリ・ヴォアザン計画を提示し、グリッド・パターンに載った六〇階建ての高層建築が規則的に配備された都市像が注目を集

交差点広場と放射状街路という構成を持ったパリ

めた。建築が平面的に集約され、エレベータの発明が都市居住を垂直方向へ展開させることを成功させ、その結果足元の地上部に広々としたオープンスペースを開放するというコンセプトは、時代の価値観を象徴しているものだといえるだろう。その理論は、やがて『輝く都市』として改訂され、都市および建築思想に多大な影響を与えた。

この辺のことは、近代都市計画史の基礎であり、本書で詳しく述べる余裕はないので、実のところさらりと流したい。自分としては、こういった歴史についても、空間を実際に見た感触から眺めたいと考えている。

そういう意味で近代建築に少しだけ触れると——。

十九世紀末から二十世紀初頭の近代建築(モダニズム)と国際様式(インターナショナル・スタイル)は、これまで古代からバロック、ロココへと継承された伝統様式に対する反動として強力なベクトルを獲得した。スティールやコンクリートの開発によって、ル・コルビュジエは柱—梁構造というドミノシステムを提唱することが可能になり、「新しい建築の五つの要点(ピロティ、屋上庭園、自由な平面、水平連続窓、自由な立面)」(近代建築の五原則)を実現させたし、フランク・ロイド・ライトは、それまでの天井や壁という建築構成要素を破って、つまり「箱」を解体して、屋外/屋内という概念を、連続し共存し得るものとして実体化させた。ミース・ファン・デル・ローエもまた、柱と梁によるラーメン構造の均質な構造体が、その内部にあらゆる機能を許容するという、ユニヴァーサル・スペースという概念を提示した。同時にスティールという素材の特性を生かして実現させた高層ビルディングは、現代建築の地平を開いたといっていい。

それにしても、コルビュジエ、ライト、ミース ら三巨匠の建築は、質感が豊かでディテールも繊細だ。自分がある程度見た中では、ライトの住宅建築は、彼自身が小男であったことが関係するのかもしれないが、意外なほど細やかなスケールでできていると感じた。その上に細密なディテールが至る所に使われて、異様な迫力を生んでいる。

レイクショア・ドライヴ・アパート（ミース設計）もまた衝撃的だった。ユニヴァーサル・スペースというコンセプトにではない。スティールという素材の可能性の引き出し方だ。超高層を実現したにとどまらず、スティールがこれほどまでに艶めいて官能的な表情を持つのかと驚かされた。

だが、その後モダニズム建築は、インターナショナル・スタイル（国際様式）の名のもとに画一化、抽象化と無機質感という副作用を表し始め、社会的に敷衍する一方で空間的なダイナミズムを失っていく。風土性を無視した機能主義は、単調で無機的な都市景観を生むという批判を受け、やがて反動としてのポストモダニズム、さらにモダニズムの再評価と、価値観は振り子運動を続けている。

自分としては、そういう運動性とはやや離れて活躍していた、アルヴァ・アアルトやルイス・カーンのような、孤高の建築家たちの方に興味があるのだが、本書は建築の専門書ではないので、都市デザインに話を戻す。

## ランドスケープ・アーキテクトの登場

近代の都市デザインに話を戻すと、エベネザー・ハワードの田園都市構想によって、レッチワースやウェルウィンというプロトタイプが（ハワードの思惑とは違って「衛星都市」というより）郊外型住宅地構想として流行し、一時代を形成した。これが北米にも飛び火するほど着目された背景には、デザインのテイストとして、中国や日本などアジア文化の影響を受けた風景絵画（ピクチャレスク）的デザインの影響があったことに着目したい。

造園におけるピクチャレスク・デザインとは、ゴルフ場のランドスケープをイメージしてもらうと分かりやすいかもしれない。遠近法による焦点を使わないで、奥行きは緩やかな丘陵や樹木の重なり、点景としての小建築などで現される。造園技術として、ランスロット・ブラウンを祖として洗練され、「イギリス風景式庭園」とい

今や公園といえばピクチャレスク・デザインが一般的な様式となった（シアトルの街角風景）

＊1 著者：イアン・L・マクハーグ、総括監訳：下河辺淳、川瀬篤美、翻訳：インターナショナルランゲージアンドカルチャーセンター『デザイン・ウィズ・ネーチャー』集文社

う様式に高められたこのスタイルは、近代国家の政治家や貴族に大いに受け、ヴェルサイユ宮殿の中にも一部取り入れられたほどだ。

このピクチャレスク・スタイルは、近代造園の基本的な様式となり、都市公園のデザイン言語のプロトタイプとなった。典型がニューヨークのセントラルパークである。日本でも、代々木公園など大規模公園はやはりこのスタイルを踏襲している。

グリッド・パターンや放射状街路という、幾何学的な都市構造を和らげるのに、このピクチャレスク・スタイルは大いに有効だったのだ。

そのセントラルパークを設計したフレデリック・ロー・オルムステッドが提唱したのが近代造園（ランドスケープ・アーキテクチュア）であり、その専門家が「ランドスケープ・アーキテクト」だ。というより彼がその呼称を最初に用いた。

モダニズムは、都市デザインにも豊かなコンセプトとアイディアをもたらし、空間造形の諸理論は大きく進化した。そこに職能者として、造園という枠組みから脱却して、交通や環境、街並みなど、都市環境へ強いヴィジョンでアプローチした職能家たちがランドスケープ・アーキテクトである。

オルムステッドの後、トマス・チャーチ、ガレット・エクボやローレンス・ハルプリン等の活躍によって、一九七〇年代にランドスケープ・アーキテクチュアは一定の成熟期を見た。一方、同時期にイアン・マクハーグ*[1]に代表される環境分析の手法が、社会整備の強力なロジックとして台頭した。デザインと環境、この二つのコンセプトが、ランドスケープ・アーキテクチュアという職能を、北米で社会的に認知させる大きな推進力になったといえるだろう。

中でも、ローレンス・ハルプリンは、デザイナーと利用者との乖離を指摘しつつ、それを埋めるための方法論を考案し実践した。彼は「take part」という公開ワークショップによるデザインを提唱したが、これは現代の住民参加型デザインの嚆矢と見ることができる。ハルプリンは、従来の造園家の枠を越えて、都市環境整備や地域の活性化といった、都市問題に対する積極的

ポートランドにあるローレンス・ハルプリンの代表作、ペティグローヴ・パーク（左）とラブジョイ・プラザ（右）

かつ直接的なアプローチを行い、多くの業績を残し、一般大衆にも理解しやすいプロセスをたどりながら、同時にその空間に芸術性を与えることによって、現在のランドスケープ・アーキテクチュアという職種を確立するのに大きく貢献した。しかし、この辺りの歴史も奥が深く、詳しくは専門書*2に譲りたい。

体験的なところでいうと、自分は、近代ランドスケープ・アーキテクトの中では、ロバート・ザイオンとダン・カイリーに興味があった。三十代のころ、自分のデザインに行き詰まったこともあって、二週間ほどかけて集中的に北米を見て回ったことがある。

ロバート・ザイオンは、後述するが、代表作「ペイリーパーク」によって、市街地のあらゆる場所が人間のための空間にデザインされ得るという価値観を確立し、都市のアメニティに多大な影響力を与えた。

ダニエル・アーバン・カイリーは、ある意味ではル・ノートルの後継者であり、本人もそう言って憚らなかったが、古典造園の様式性をモダニズムと融合させた功績はもっと評価されていいと思う。今では当たり前のことだが、建築と外部空間を一体のものとする意図で、最初にそれらのモジュールをそろえて見せたのはダン・カイリーだろう。彼の幾何学は、形態論的にはミニマル・デザインの嚆矢とも位置付けられる。しかし、「モノ」が主役ではなく、人間を主役とした「風景」が先に立つ点が、昨今の〝アート空間〟と一線を画すところだ。

その他、マヤ・リンやピーター・ウォーカーなど、綺羅星のごとく、数々のランドスケープ・アーキテクトが北米を中心に台頭した。

ベンジャミン・トンプスンは、ランドスケープ・アーキテクトというより、商業デザイナーという性格が強いが、彼の提示した「フェスティバル・マーケット」というコンセプトは、広場の祝祭性を商業空間に取り入れたというだけではない。古い市場や埠頭などの施設をデザインによって再生させるという彼の手法は、いまだに新鮮であり、その空間は現在に至るもにぎわい空間として高い持続力を誇っている。

ダン・カイリーの代表作にして傑作「ファウンテン・プレイス」は、砂漠に囲まれた街の中で噴水をふんだんに使い、サイプレスの森とコラージュすることで、この世のものとは思えない快適な都市空間を創出したものだ（ダラス）

このような多様なランドスケープ・アーキテクトの職能は、やがて欧州においても社会的に確立するようになり、フランスではペイサジスト（景観設計家）と呼ばれるが、資格や設計料などの体系も整備されて、今や建築家や土木技術者と並んで都市開発や公共空間設計に積極的に参画している。

日本にもランドスケープ・アーキテクトを名乗る者は少なくないが、欧米ほどは都市空間に直接的に関与しているとはいいがたい。日本でいうそれは、「造園設計家」のニュアンスが色濃い。それは、能力的な問題というより、出自によるところだと思う。「造園」という枠組みからでは、建築家とのコラボレーションはあっても、なかなか都市や土木という分野と業務的な提携の機会が薄く、結果として敷居が高いということだ。

近年は社会も多様化し、公共空間に対する要求もより複合化する中で、ランドスケープ・アーキテクトのみならず、建築家や土木設計家にも、従来の発想を超えて、総合的な解決を図るコンセプチュアルなアイディアが求められるようになってきた。

今や日本の公共空間では、建築家と土木エンジニアの関係性は急速に近接しつつある。建築家が駅舎や列車車両をデザインしたり、ダムや橋梁をデザインしたり、また広場や街路、照明柱などのストリート・ファニチュアについて検討するということも珍しくなくなってきた。土木エンジニアがそれを支援するというコラボレーションが一般化しつつある。いずれそこに造園出身のランドスケープ・アーキテクトが加わる日は、さほど遠いことでもないと自分は思っている。

現在、欧州や北米、いやアジア各国においても、そのような状況が先鋭的に立ち現れており、空間デザインにおいてはモダニズムの方法論が見直され、ミニマリズムやランドアートなどの概念を取り込みながら、新たな表現手法が模索されている。一方で歴史や風土、文化へのアプローチも志向され、より柔軟で魅力的なモダニズム運動となって都市景観に結実し始めた。

＊2 ランドスケープ・アーキテクトの変遷と業績については、『テキスト ランドスケープデザインの歴史』（武田史朗編著、学芸出版社）を参考にされたい

ベンジャミン・トンプスンの代表作「ピア17」は、埠頭に建設されたウォーターフロント・スタイルのショッピングセンターであり、今や商業デザインの古典である（ニューヨーク）

15

# ペイリーパーク

ニューヨーク

## 「ヴェスト・ポケットパーク」という革命

ロバート・ザイオンが「ニューヨークの新しい公園」という展覧会に出品したその小さなプロジェクトは、三エーカー（約一万二千㎡）以下の公園は公園ではないとされていた当時、わずか五〇×一〇〇フィートで大人の休息用の小公園をつくろうというものだった。

ザイオンの提案は、まず都心の公園は「床、壁、天井のある部屋」のような空間がふさわしいとする。この場合の天井とは木立のキャノピーをいい、壁はツタの絡まる都会の裏窓の壁面で

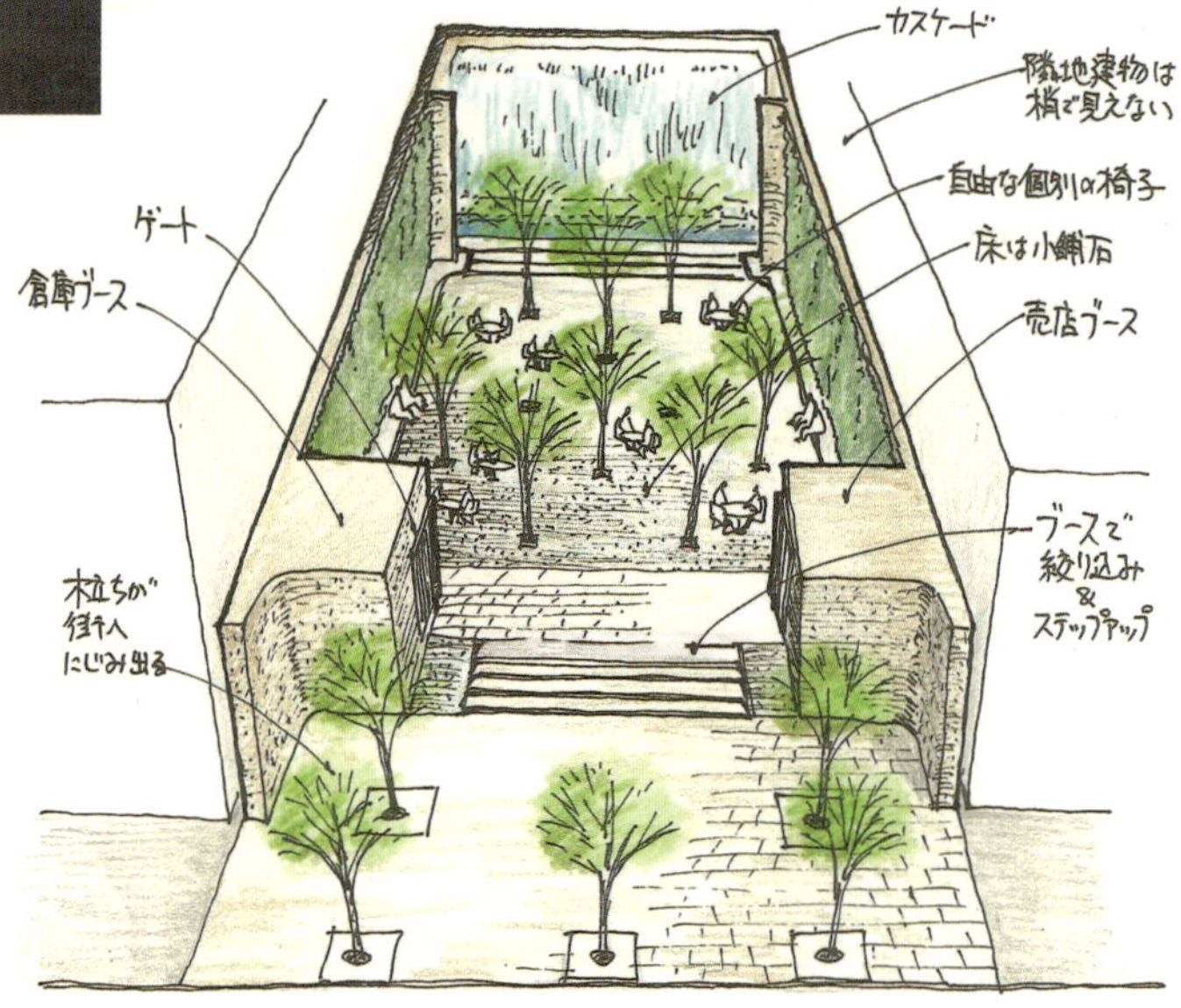


ペイリーパーク構成図

街路と関係を保ちつつ、内部空間はとても静か。入口左側がショップになっていて普段は開いている。右のブースは清掃用具などが入った倉庫

奥のカスケードが静寂を彩る。床は小舗石。木立の下に自由に配置できるテーブルと椅子

ペイリーパークのエントランス。木立が歩道へあふれ出る

エントランスは、ツインのブースとステップでわずかに絞られている

ある。その他のアイテムは、「石の壁を流れ落ちる滝」、「ベンチではなくパリの小公園のような軽くて移動しやすい個別の椅子」、「売店」といったものだ。

それがCBS放送会長であるウィリアム・ペイリーの目に留まり、その尊父のための記念碑としてニューヨーク五三番街に実現したのがペイリーパーク（一九六七年）である。

このアイディアはその後、「ヴェスト・ポケットパーク」、つまりチョッキのポケットのような小さな公園というコンセプトで知られるようになる。

ペイリーパークは、MoMA（ニューヨーク近代美術館）の並びにある。この街路には並木はないが、ペイリーパークの並木が街路にあふれ出ているので、遠目からでもすぐ分かる。まず、これがうまい。

次にその入口だが、ツインの煉瓦ブースに挟まれ、同時に表通りからわずかに四段ステップアップしている。この「絞り込み」という空間分節によって、緩やかな領域性を内部空間に与えている。

ペイリーパークの豊かさの根源は、まさに都市との関係性にある。周辺街路の喧騒を完全に締め出すのではなく、適度に引きを取りながらもつながっているところがミソなのだ。ニューヨークという、アメリカの都市の中でも屈指の競争社会として、スピード感と緊張感のある摩天楼の中に今自分が生きていることを、この公園の静かさが強調する。「大ニューヨークの中でこんなプライベートな快適な時間を過ごしている」という実感が、このパークのクォリティなのである。

内部空間では、規則的に配置された木立が、頭上に木洩れ日を持った天蓋を形成するように梢を広げている。その先には隣接するビルの裏側がもろに見えているのだが、重なり合う枝葉がスクリーンとなってあまり気にならない。その下にハリー・ベルトイアのワイヤメッシュの椅子とエーロ・サーリネン設計の白いテーブルが置かれ、パーソナルな空間を確保しながらも同時に他者と適度な距離で空間を共有することができる。ニューヨークの摩天楼の下、水音を聞きながら、静かに読書をし、友人と語らいながらコーヒーを愉しむことができるのはとても豊かな時間だ。

ヴェスト・ポケットパークというコンセプトは、一九七〇年代から八〇年代にかけてニューヨークの都市環境に多大な貢献をした。都市のあらゆる空間をデザインの対象にできるということを証明してしまったといえるだろう。

実はニューヨークには数多くのヴェスト・ポケットパークがある。しかし、もう十年以上前になるが、ニューヨークのポケットパークをしらみつぶしに歩き尽くした結論としては、ザイオンのペイリーパークほどの完成度に到達しているものは一つとしてなかったのであった。

16

# ハウプトシュトラーセ

## 動線がデザインできることを証明した、都市デザインの職人芸

ハイデルベルク

南独の古都ハイデルベルクの中央通り（ハウプトシュトラーセ《Hauptstraße》）の路面は、一見すると、小振りなベージュのコンクリートブロックが敷き詰められた中、複数の小舗石の帯が流れているだけのように見える。コストも大して掛かっているようには見えない。しかし、これは練達の機能デザインといっていいものだ。

商業モールというものは、沿道建物に沿った付近はウィンドウ・ショッピングを楽しむ人がそぞろに歩くので移動速度は遅くなる。街路の中央を歩く人は、ハイデルベルク城などの目的地に向かっているので、歩行速度は少し速い。まず、この関係性を踏まえて、ドイツ斑岩の小舗石舗装の幅広の帯二本が、さりげなく街路を中央と端部に分けている。中央のゾーンには、さらに細い二本が追加され、そのうちの一本は排水溝を兼ねているというのがうまい。

しかし秀逸なのは、幅広の帯の片方に、照明やサイン、ベンチといったストリート・ファニチュアが集中して並べられていることだ。これには感心した。

よく、ショッピングモールで通路の中央付近にベンチを置くという光景を見るが、真ん中に置いては通行に邪魔で、また座る人もそれをどこかで分かっているからあまり落ち着かないものだ。しかしここでは、適切な位置に、きちんとスペースが用意されているため、通る人と休む人が落ち着いて共存できている。

この通行量の中、本来は溜まり空間でも何でもない街路内に、動線の間隙をぬってベンチを配置した技は相当なものだ。職人技とはこのことをいうのではないか。

自分にとっては、単なる舗装パターンがこれほどアクティヴィティに影響を与えるのか、街路に秩序を与え得るのか、ということに思い至らせてくれたデザインである。

第4章のケーススタディで紹介する出雲大社の表参道・神門通りで、「シェアド・スペース」の概念を用いて歩車共存を実現し、なおかつ歩行者が主体となるような仕掛けを演出した際、そのアイディアの引き出しの一つが、実はこのハウプトシュトラーセなのであった。

ハイデルベルクのハウプトシュトラーセ。このリニアな空間にベンチを配置し、機能させている高等技術を見よ

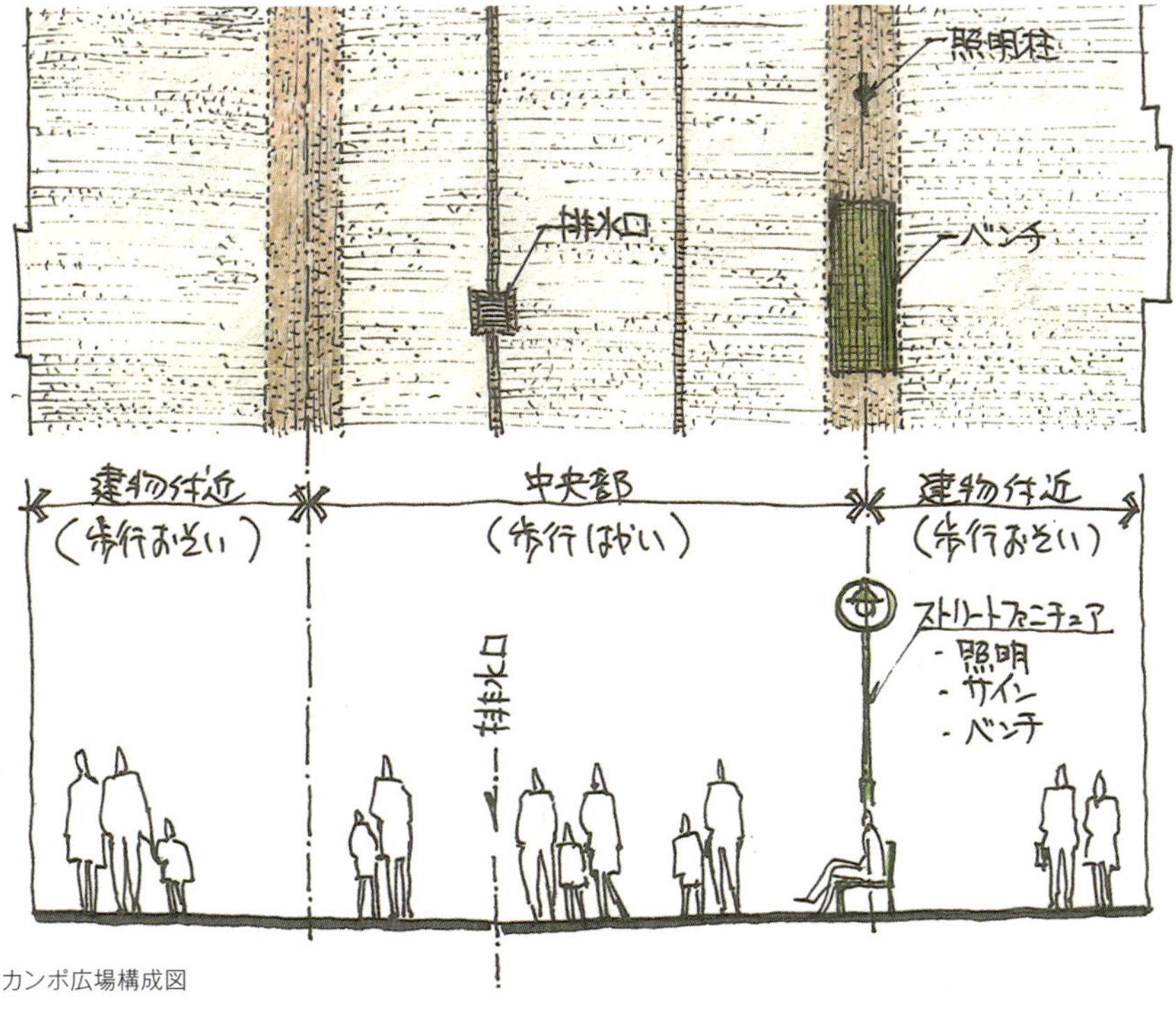



カンポ広場構成図

17

# 芸術高架橋

パリ

## 都市を芸術的に活性化させた土木構造物の再生利用

高架上の軌道は撤去され、水と緑のプロムナードに生まれ変わった

一九八三年にパリ市は、廃線となった国鉄バスティーユ・ヴァンセンヌ線の高架構造物を買い取り、新たに二つの用途に再利用することを決定した。一つは高架上から軌道敷を撤去してつくった空中プロムナード。もう一つが、高架下のアーチ空間を改造して創出されたアトリエ兼商店街である。

高架のあるパリ十二区は、家具職人のまちだ。しかし、その職場としてのアトリエ確保が問題で、フランス伝統工芸は危機に瀕していた。コンペで優勝した建築家パトリック・ベルジェのコンセプトは、この現状をデザインで打開するとともに、低所得者層地区である十二区の環境改善と活性化を同時に果たすというものだった。

高架アーチの内部は、ベルジェ自身の設計によって工房兼ギャラリーとして整備された。テナントは、基本的に伝統工芸に関連した施設で構成するものと定められ「芸術高架線（ヴィアデュック・デ・ザール）」と呼ばれる所以となった。

アーチ下に設けられたアトリエによって
魅力的な街角風景が連続している

高架上のプロムナードからの眺め

アーチ開口部のアトリエは、そこで働く職人の姿自体が魅力的な街角風景になり、そして、ジャック・ヴェルジュリによってデザインされた緑陰と噴水の空中プロムナードがまた、地区の環境改善に大きく貢献した。街並みと空中歩廊は、セットで人気を呼び、人通りが増えた。それがカフェやレストランなどの商店を呼び寄せて、周辺は次第に商店街の様相を呈し始めた。歩行者が増えることで治安も向上したという。

まさに、デザインで社会問題を解決したのだ。

これに類似した事例として近年、ニューヨーク市にある廃線鉄道高架橋の再利用によるハイラインがある。これなども非常に興味深いデザインだが、残念ながらまだ実見できていない。

18

# ベルシー地区再開発

パリ

## 歴史的建造物再生によるフレンチ・マーケットプレイス

ベルシー公園は、セーヌ川対岸の国立図書館から伸びるモダンな人道橋（シモーヌ・ド・ボーヴォワール橋）によって接続している

ミッテラン国立図書館の対岸という好立地にあって、ベルシー公園を中心にその周辺を、商業・業務・住宅で再構成した複合的な都市開発が、ベルシー地区再開発である。

ショッピング街「ベルシー・ヴィラージュ」で人気なのは、ミニシアターなどの商業コンプレックスだけでなく、ワイン倉庫を改修したプロムナード「クール・サンテミリオン《Cour St-Émilion》」だ。改修された倉庫は、ギャラリーやカフェ、レストランとしてにぎわっている。新しくも懐かしい雰囲気が心地よい。

しかし、この活力のエンジンとなっているのは、単体空間の完成度ばかりではない。むしろ周辺街区との連動性にこそ注目すべきだ。

国立図書館から人道橋（シモーヌ・ド・ボーヴォワール橋）が、対岸のベルシー公園の横っ腹に伸びていて、セーヌ川の土手から流れ落ちるカスケード（落水）に変化して公園空間へ動線がなだれ込む。また、公園を横断する道路上には、短い距離で複数の人道橋が架け渡され、歩行者の回遊性が高いレベルで確保されている。

歩行者ネットワークや地区の関係性によってにぎわいを創出するこの連動性は、マスタープランによるものではない。場所ごとのコンセプトを優先しながら相互に空間をつないでいくという新しい手法であり、フランスでは「ブリコラージュ《Bricolage》（繕いもの、寄せ集め）」と呼ばれ、マスタープランに代わる新たな都市活性化の計画論として注目されている。中村良夫はこれを「創造的寄せ集め」と翻訳した。

クール・サンテミリオンは、ワイン倉庫を改修してギャラリーやカフェが並ぶ中を、並木、保存軌道敷きのある石畳と軽快なシェードで快適に構成されたベルシー再開発の主軸プロムナード

公園と再開発地区を複数の歩道橋がつなぐ

セーヌ川の堤防を流れ落ちるカスケード

19

# ローヌ河畔プロムナード

リヨン

## ブリコラージュされた美しい絹紐のような水辺が都市を活性化させる

マスタープランから個々の整備事業が導き出されるという、従来型の手法の逆を行くのが、フランスの「ブリコラージュ(創造的寄せ集め)」だ。全体像がないまま断片から発想するというオン・サイト=現場主義的発想は、注目を集めつつある。

まるで連句の「付け」のようなやり方だが、マスタープランを前提としないから即断性と柔軟性がある。リヨンでは、代々の市長が、あたかも連携を取ったかのように、一連の事業を連発して都市基盤が抜本的に改善され、まちに活力がもたらされた。

一九八九年に就任したミシェル・ノワール市長が、市内の主な駐車場を地下化し、地上部をモダン・デザインで整備し直した(テロー広場とそれに続くレパブリック街の整備)。続いて、フランス国の首相兼経済財政相も務めた辣腕のレイモン・バール市長(一九九五～二〇〇一)が、LRTを導入し、通過交通を抑制した。そして、二〇〇一年からジェラール・コロン市長が、プリペイド型の公共レンタサイクル・システムを導入し、今やリヨンは、旧市街から通過交通を締め出し、LRTと二連結バス、自転車、そして徒歩で、公共交通のネットワークが形成されている。

そのコロン市長のもう一つの業績が、駐車場と化していたローヌ川の水辺を、わずか五年で美しいプロムナードに修繕したことである。かつて河畔を埋め尽くしていた車両は駆逐され、代わって、リヨン特産物の絹紐をイメージしたというなめらかな線形のプロムナードが、延長五kmにわたって整備された。芝生と高木を中心にすっきりとデザインされながら、水盤のあるテラスや遊具広場などが、魅力的なモダン・デザインで整えられた。

このプロムナードだが、自転車利用者と歩行者の棲み分けがなされており、さらに水上交通が連結され、乗降場には仮設のカフェも設けられた。河畔にたっぷりと緑が導入されるというのは、モンスーン気候の日本ではできない。何ともうらやましい光景だ。

デザインしたのは、イン・サイチュ《in situ》(その場の、本来の位置で)という若手のチームだ。ブリコラージュにふさわしいネーミングに思える。

この項は、『フランスの開発型都市デザイン―地方がしかけるグラン・プロジェ』(赤堀忍・鳥海基樹、彰国社)を参考にしている。

駐車場を地下化して、地上部を歩行者に開放したテロー広場

完全な歩行者モールとしてにぎわうレパブリック街

レパブリック街の中心は、弾道のような勢いの噴水の水が低く飛び交うレパブリック広場

市街と水辺が段状のステップとスロープの組み合わせで結ばれている。時には観客席として使われる想定だ

長椅子（カウチ）でくつろぐ人々

いくらなんでもこれはやりすぎではないかと思うが、滑り台で子供たちが楽しそうに遊んでいた

駐車場だった水辺は、わずか5年で緑あふれるプロムナードに生まれ変わった

リヨンは、観光施策として夜景にも力を入れている

20

# ポートランド

## ロハス文化とＬＲＴに象徴される、人間のための都市、その最先端

豊かな街路樹の中をゆったり走り抜けるＬＲＴ（シティカー）

ポートランドは、アメリカ合衆国オレゴン州にある都市であり、人口はおよそ六十万。「環境にやさしい都市」として知られているが、実際に訪れると様々なシーンでそのことを実感する。ロハスを地で行く食文化とライフスタイル、緑豊かな都市景観と先進のＬＲＴネットワークが絶妙に調和している。

まずロハス文化だが、アメリカの食事は不味いという固定観念は、この都市に限っては当てはまらない。有機野菜を中心とする、ヘルシーでかつ驚くほど繊細な味わいに感動するはずだ。それを、仏ブルゴーニュ・ワインで知られるピノ・ノワール種を導入してつくられた、個性豊かな地域産ワインが下支えする。

その都市はというと、シティカーと呼ばれるＬＲＴが極めて効率的に人々を運んでいる。通過交通が制約されても、まちの活気が落ちることはない。歩く楽しさに満ちているからだ。たとえば、ボードデッキでできた歩道と、その上のオープンカフェは、日本でいつか自分がやりたいと思っていたデザインだったが、このまちではあっさり実現していた。

実はポートランドは、近郊のシアトルとともに、ガラス工芸の分野でも先進性を持っており、全米屈指のタコマ美術館とピルチャック・グラス・スクールという世界トップクラスの造形学校によって、名だたるデザイナーを輩出し続けている。これらの文化は、すべて環境と共生する生活様式として、互いに融け合い違和感がない。

ちなみにランドスケープの分野では、ラブジョイ・プラザとペティグローヴ・パーク、フォアコート・ファウンテン（アイラ・ケラー噴水とも）というローレンス・ハル

LRTが通る街路は歩行者が主体だ。歩道部がボードデッキでデザインされている街角にはオープンカフェが文字通り道いっぱいに広がっていた。どこまでが公共空間なのか分からない、おおらかなデザインである。風景のすべての構成要素が自然素材で、質感が心地よい

プリンの近代造園三部作がこのまちにある。フォアコート・ファウンテンは、トレヴィの泉の構成にやや近いが、噴水景観の内部に入り込めるというところが決定的に違うし、主景である市民公会堂と通りを挟んで向かい合っているというのが珍しい。背景にならないので主景として感じられにくいのだが、ハルプリンの意図では、噴水はこの建物とセットだったようだ。水辺によって都市をつなげ、地域を連動させる意図がそこにある。ハルプリンがもし生きていれば、この都市に初期段階で貢献できたことを誇らしく思うのではないだろうか。

まちの中心であるパイオニア・コートハウス・スクウェア。完成は1984年で、広場建設の資金を調達するため、5万個の記名煉瓦がドネーションとして製作され、広場に敷き詰められた

フォアコート・ファウンテンは、ローマのトレヴィの泉の構成にやや近いが、噴水景観の内部に入り込め、主景である市民公会堂とは、通りを挟んで向かい合っている

21

# 森の墓地「スクーグスチルコゴーデン」

ストックホルム

## 生きるための弔い――希望へつながる墓地というランドスケープ

白い土塀に沿って十字架に向かう坂道は、十字架に近付く辺りで勾配が変わる

学生時代から見たいと思っていたこの風景を、本書の執筆中にようやく見ることができた。数少ない現代施設の世界遺産である。設計はグンナル・アスプルンドとジーグルド・レベレンツ。

白い土塀に沿って十字架に向かう坂道は、途中で勾配が変わるのだが、アスプルンドの構想では、ここには十字架ではなく、オベリスクが立つはずだった。十字架にしてほしいという要望を受けてアスプルンドはこれをデザインしたが、宗教性を消し去るため、キリスト教のそれとはプロポーションが異なる。生と死のモニュメントとしてデザインされたこの十字架は、重厚で静謐だ。その質感が感じられる辺りで勾配が変わり、足にかかる重力はわずかに重みを増す。

棺は、「楡の高台」と呼ばれる森にいったん運ばれ、そこから葬儀場へと移動する。森へ上る階段は、搬送者の負担を軽減するように寸法が調整されていた。礼拝堂や葬儀場は、式のあとで参列者が光に包まれるよう、入念にデザインされていた。

この風景には、主景だの、領域性だのといった概念は無縁だ。しかし、ここは墓地というカテゴリーではあっても、死者をいつくしみ、残された者たちが生きていることを実感し、希望を持って明日を迎えるための様々な仕掛けを持った空間となっている。

活力、にぎわいという言葉からは無縁のようでありながら、訪れる人々に生きている実感を与え、〝人間活動の活性化をいざない生成する場〟として、少なくとも自分の中では外せないランドスケープである。毎年、日本のお盆にあたる十月末～十一月の土曜日には、森の中にある子供たちの墓

「楡の高台」と呼ばれる森が、池を伴いながら礼拝堂と対峙する。風景が水面に映り込み、静謐な時間が流れていく

楡の高台の内部。棺は最初にここに運ばれ、葬儀が始まる。森の中にありながら周囲が見渡せる穏やかな場所だ

森の中に溶け込むように並ぶ、切なくも可憐な子供たちの墓標。毎年初冬の鎮魂式には大勢の人々が訪れるという

標一つ一つすべてに灯りがともされ、聖歌がうたわれるという。そこに大勢の人たちが訪れる風景は、決してにぎわっているという言葉は使えないかもしれないが、生きていることをかみしめ、さらに未来へ持続し、共にこの世界で生きていこうと思える場になっているとしたら、それもまた、確かに活力といえるものだろう。

column

デザインの眼 5

# 境界部に心を砕く

場所の「境界部」を意味する言葉には様々ある。外縁、外周、端部、接点、交点、等々。

あくまでも傾向としてだが、〝**境界部がよく処理されているデザインは、一般部もよくできている**〟ものだ。これは、様々な都市で実際の空間設計に従事してきた設計家としての経験則であり、ある種の実感である。

この場合の「境界」とは、スケールを問わない。たとえば、都市の外縁（エッジ＊）という場所性が重要であると同様に、ある街路や公園、広場においては、その端部やエントランス、敷地境界等を重視したいということだ。また、一本の街路でも、起終点や交差部がきちんとデザインされているかどうかで全体の質がある程度定まってくるし、「街渠《がいきょ》」と呼ばれる側溝のディテールが整えられていると、街路本体の品位が上がって見える。

スケールが違えば、もちろんデザインの発想も方法論も同じわけにはいかない。

その説明は後述するとして、少々無理やりだがもう少し論を進める。

逆もまた然りということ。つまり、境界部がよくできたデザインは本体もいいというなら、逆に〝**境界部分の形状やディテールを念入りにデザインすることで、空間全体の品質が向上する**〟ということになる。

したがって、都市全体を活性化させたいと意図するならば、中心部から始めるのもいいが、実は要所となる境界部から始めるというのはあながち的外れではない。しかも、境界の意義が

マルセイユは、港という生きた水辺が都市に呑み込まれたように近接しているところに魅力とアイデンティティがある

南欧の小村ヴィル・フランス・シュル・メールは、水際まで街並みが迫り、魅力的なエッジとなっている。高級レストランが並び立ち、毎夜多くの客でにぎわう

強ければ強いほどそれは効果がある。

その典型が、水辺だ。

古今東西、水辺という場所性が都市に活力を与えている事例は枚挙にいとまがない。なぜそのようなことになるか考えると、境界域であることの意味性の強さに行き着く。

水辺は、都市というマクロな領域で、エッジとして位置付けられることが多いが、それは水辺と

＊パス、ディストリクト、ノード、エッジとは、目印（ランドマーク）を加えて、ケヴィン・リンチが『都市のイメージ』（岩波書店）で語ったところの、都市をイメージする際の構成要素である。これらが明確であるほどに、都市が空間概念としてイメージされる図像性が強まるというのがリンチの論説だ。そして、イメージ性が高い都市ほど、そこに生きる主体である人間にとって「今ここに生きている」という実感（実存的感覚）につながっていく。それを多く豊かに保持する都市ほど、営為が持続する魅力的な居住域となるということだ。

いう場所性が、人間の居住域の絶対的端部にならざるを得ないという事実がまずある。さらに、「水」という、人間の棲息に欠かせない、いやそもそも生命の根源である物質の存在する場として、独特の磁場を持っているということが並び立つ。

それが都市施設として優れた形でデザインされた場合、アクティヴィティが周辺に波及するのは、水辺本来の場所的価値と境界部としての意味性が重なり合って相乗効果をもたらすためだと考えられるのだ。

〝境界部が効く〟というのは、もちろん水辺だけではない。

たとえば動線が交錯する街角を、にぎわいの結節広場という、ノードとして入念にデザインすることができれば、その周辺地区にかなりの活力を響かせることができる。このことは、あらゆるスケールにおいて適合する。

街路であれば、段差や接点、あるいは端部にディテールが集約しがちになるのだから、そこを入念に造形すれば全体に品位は上がろうというものだ。そして、同じようなことが、都市というマクロ単位でも同様に効いてくるのだ。

この原則がスケールを問わないというのは、いってみれば当然のことである。

都市とは、様々な場所や施設で空間的に区分されつつ、ミクロでは常に連続体として扱うべき空間性を持ち、マクロ的には総体として把握すべき全体性を有した組織体である。

都市のパスとしての街路、その中にもさらに小さなスケールでエッジやノードはある。そして、小さな街路の交差部(ノード)においても、さらに端部としての様々な部位がある。望ましいのは、階層的に連鎖する、それらがそれぞれに主体的な造形性を持ちつつ、全体に呼応している状況だ。そして、様々なスケールで有機的に連鎖する場のジョイントの役割を、「境界部」が柔軟に受け持つとき、都市は総体として生きたものになる。

パブリックスペースの設計者は、常にそういう全体観を持って、個々の場の造形に当たりたい。都市とは、あるいは「場」とは、本来そのような連動性を持った空間概念であるということを認識するとき、設計者の視野は奥行きの深いものとなるだろう。

スイス北部地域の小都市やその郊外においては、街渠（側溝）に１列の小舗石を効果的に用いている。車乗り入れ部は、縁石や歩道面が下がるのではなく、街渠の小舗石を2列に積むことで対処しているため、歩道がうねることがない。機能的であり、かつ意匠的な造形である

世界遺産ポルトの街路では、段差の処理、街渠（歩車道境界縁石と側溝）の質感とディテールが芸術的に洗練されている

column

デザインの眼 6

# 素材を重視する

土木用語に、「カラー舗装」というものがある。道路をアスファルト以外の舗装材で仕上げることをすべてそう呼ぶ。たとえば、赤や緑の人工骨材を使ったアスファルト舗装や、着色剤を使ったコンクリート・ブロック舗装のことを指す。それだけならまだしも、自然素材である煉瓦や石畳まですべて一緒くたにこの用語でくくってしまうというのが困りものである。スタンダードとしてのアスファルト舗装（業界用語でいう「黒舗装」）がまずあり、それ以外をすべてカラー舗装と呼ぶという状況なのだ。しかも、そのすべてを価格差だけで並べてしまう。

呼び方が問題なのではない。呼ぶに至る、発想が問題なのだ。「素材」という概念がここに欠落しているのである。

そのため次のようなことが起こりがちだ。たとえば、計画段階で煉瓦舗装や自然石舗装とされた現場があり、これが施工段階に何らかの事情でコスト制限が掛かり、その仕様が実現しないとする。最もよくあるのが「煉瓦色」のインターロッキング・ブロックや、石材と似通った「擬石」平板舗装（石材に似せたコンクリート製品）で可とするという流れだ。これが圧倒的に多いというか、まず放っておくと九分九厘そうなるところが土木デザインの現況（元凶）である。「色」が近ければいいと考えるらしい。

しかも、そういう資材を「景観素材」とよぶ。我が国の工業技術は極めて「優秀」だ。吹き付ければあたかも御影石のテクスチュアに近似した仕上げになるという塗装材がある。むろん、

カンポ広場（シエナ）の素材とディテール

至近で見れば誰でも分かるものだし、さらに石だと思って触れれば薄っぺらい質感に驚き呆れることになる。

なぜこんなものが使われるのかといえば、もちろん本石を使うよりはるかに安価であるからだ。ここにあるのは、景観・デザインは表層操作にすぎないという認識である。「標準設計」にお化粧で付加するものが「景観」であるという誤った考え・価値観が、土木行政全般に根付いてしまった。

だが、いうまでもなくマテリアルにおいて、色彩と素材は、（当たり前だが）違うのだ。

この発想でいくなら、シエナのカンポ広場の煉瓦舗装を、赤いコンクリート・ブロックに置き換えても、空間のクォリティはさほど変わらないということになる。少なくともアスファルトにするよりマシというくらいで。

全くあり得ない！

もしそんなことになった場合、「世界遺産」として人はこれを永年維持していこうと思うだろうか。その前に暴動になるだろう。

column

デザインの眼 7

# エルベ広場とナヴォーナ広場

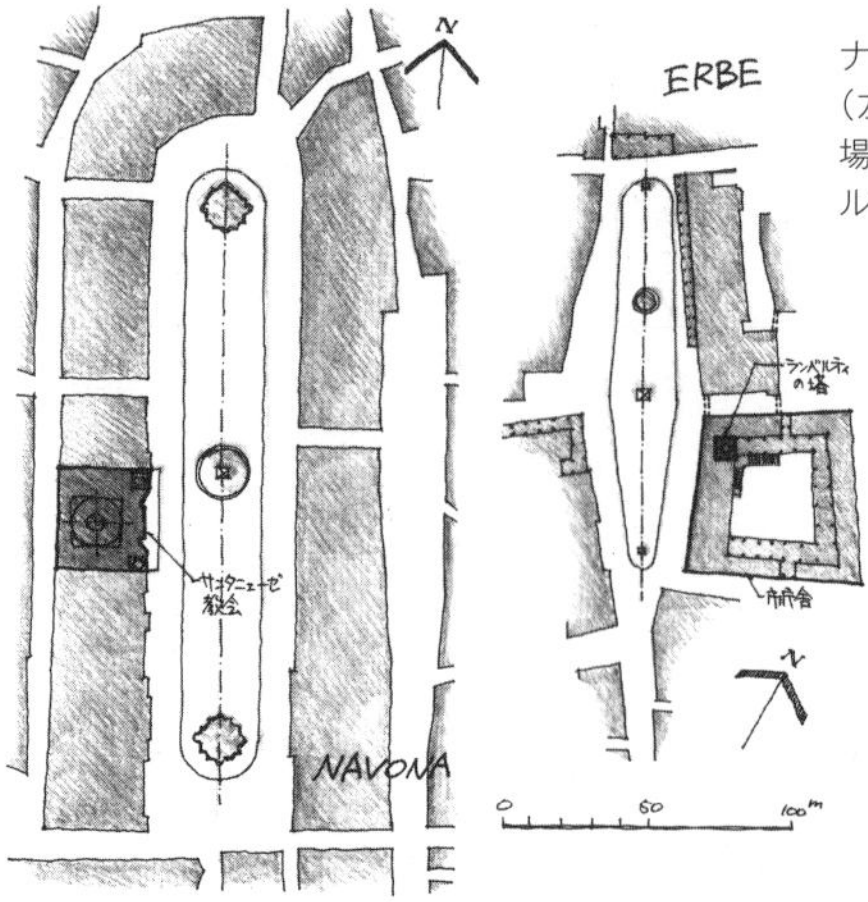


ナヴォーナ広場（左）とエルベ広場(右)を同スケールで並べる

ヴェローナでエルベ広場を見た瞬間、ローマのナヴォーナ広場と似ていると思った。南北方向に伸びた極端に細長い敷地に、中心軸に並べられたモニュメントたち。主景となる建物が主軸の中央付近の側面部に立ち上がっているのも同様である。

しかし、似ているのはそこまで。本文で述べたように、ナヴォーナ広場はベルニーニが建築的な発想で広場のみを設計し、別の建築家がサンタニェーゼ教会をデザインし、組み合わされたものだ。

一方でエルベ広場は、これに遡ること四百年前のゴシック期に、主景である市庁舎建設と同時期に構想されたと考えるのが普通だ。しかし、いくつかのモニュメントは、のちの時代に追加されたことが分かっている。長い時間を掛けて現在の構成になった。

そういう意味では、まるで別なものであるのは明らかなのだが、自分の中ではどちらも違った魅力があり、関係性をつい考えてしまう。ベルニーニがエルベ広場を知らなかったとは考えづらいので、ローマ時代の屋外競技場敷地を広場化せよという命題が与えられたとき、彼がどんな発想をしたのかを想像すると楽しい。

もしちゃんと研究したものがあれば（多分あると思うけど）お教えいただきたい。

# 第3章

# 検証
## ―日本のにぎわい空間

*01* 金山町の街並み
*02* 小布施
*03* 浅草雷門・仲見世
*04* 巣鴨とげぬき地蔵尊
*05* 表参道
*06* 渋谷駅ハチ公広場
*07* 新宿三井ビル「55 ひろば」
*08* 新宿駅東口界隈
*09* 神楽坂
*10* みなとみらいグランモール軸
*11* 伊勢神宮おはらい町通りとおかげ横丁
*12* 先斗町
*13* 高山の街並みと陣屋前広場
*14* 法善寺横丁
*15* 神戸メリケンパーク、ハーバーランド
*16* 広島・太田川河畔

## 「型」から「間」へ

日本において、近世末期から明治期は、西洋文明の移植の時代である。語学とともに、鉄砲や軍艦など軍事技術を中心に医学なども輸入され、近代日本の文明的基盤が形成された。明治期以降は、鉄道や道路、河川など社会基盤整備に様々な建築家や土木技術者が招聘され、「欧化」事業が推進された。これらは、西洋文明の直接的な移植であり、いわば外科手術のようなものだ。和装にブーツを履くがごとく、西洋文明は急速に、かつ貪欲に日本文化に吸収された。

西洋思想とともに文明が移植されて都市基盤が整い、建築も技術・思想あわせて輸入されて文化にまで浸透した。自分には、日本の伝統芸能がしばしば「型」を学び、それを模倣することによって体得する方法論に重なって見える。

しかし、広場だけは輸入されなかった。正確には、その「型」が輸入されても、これだけはなじまなかったのである。

石畳で舗装され、街並みに囲まれてデザインされたオープンスペースで〝都市生活〟を居間の延長で享受するというのが広場なら、そのままでは日本の空間文化のコンテクストに乗りづらい。石の文化といっていい西欧都市では、舗装するということはその場を建築化、あるいは都市化するということだ。だが、我が国の都市化の方法論は、舗装することでもオープンスペースをつくることでもない。西欧の城塞都市と日本の城下町を比べてみればいい。都市化というのが城塞化することであるなら、そこは日本も西欧も変わらない。にもかかわらず、「中心」を必要とせず、象徴的な「奥」を志向する空間文化には、広場はあまりにもなじまないのである。

最近復刻された『日本の広場』（都市デザイン研究体、彰国社）によれば、日本には広場はなかったという。広場化*することで存在してきた、と。

確かに広場のような形状のオープンスペースは日本にもいくらもあるが、日常的ににぎわいの活力を保持しているとなると、その数は少ない。また、イベントや祝祭時などの「ハレ」の場

＊「広場というのは、ただ広びろとした物理的な空間という意味ではない。〝広場化〟という主体的な行動があって初めて存在できる人工的なオープンスペースなのである」（都市デザイン研究体『日本の広場』彰国社）

において一時的に広場化するオープンスペースは、「ケ」である普段に訪れると妙に空々しく物寂しいものだ。それはその空間がそもそも、にぎわい空間としての骨格を持っていないか、そういう意図で造営されたものではないということに他ならない。

『日本の広場』で取り上げられている飛騨の「高山陣屋前」は、日本的な広場の事例とされながらも、歴史的に「市民の広場となる機会はほとんどなかった」。確かに今日この広場は、日常的には朝市の場として定着したし、高山祭の際はここに屋台と呼ばれる山車が並ぶなど、「広場」的使われ方が著しい。しかし、それ以外の時間は実にひっそりとしているだけの空間なのである。

## 広場的な場所を持たない<br>日本の伝統空間

日本には、広場に相当する空間は、少なくとも西欧広場のような形では存在してこなかった。

たとえば、京都東山の清水寺の「舞台」は、広場なのかという話だ。

まちの中心としてにぎわいを形成するのが西欧広場だとすれば、清水の舞台は眺望テラスでかつ、モニュメントであるというのが自分の結論である。

そういうことを書くと、街並みにくっついてはいないが大勢の人たちを引き寄せ、周囲ににぎわいをもたらしているのだから、広場といってもいいのではないか、といわれるかもしれない。

その通り。確かに清水の舞台は、「名所」として人を惹きつける。しかし、よく見ると、(広場っぽく)にぎわっているのは舞台ではない。まちと接する境内ですらなく、門前町の方だ。その先はさらに、産寧坂、それに続く二年坂等で形成され、祇園へと続く、東山地区の界隈空間であり、これこそがにぎわい空間の本体である。

——それが答えなのではないか。

日本は西欧的な広場を持たない。だが、それに代わるものとして、日本は「参道」を持っているし、参道の延長である門前町、鳥居前町のにぎわいこそ、西欧の広場のにぎわいに比類すべき

高山祭は、春は「山王祭」、秋は「八幡祭」と呼ばれ、それぞれ12台の屋台が絢爛を競い合う

ものと考えてみると、様々な事象が説明しやすくなる。

## 西欧の「広場」に対するのは「参道」
## ――奥性を持った〝みちゆき〟の空間

日本は西欧的な広場を持たない。しかし、それに代わるものとして「参道」を持っている――この仮定を少し進めてみる。

逆にいえば、西欧の教会や寺院は参道を持たない。ヴァチカンのサン・ピエトロ大聖堂には例外的に参道的なアプローチ空間がつくられているが、それが三つの広場の連続体であり、いわば、アクセス機能を洗練させた複合広場とでもいうべきものであることは既に述べた。

参道は、さらに外部に延伸して鳥居前町や門前町を形成し、通例その軸線は一元化する。参道というみちゆきの空間は、このように奥から反対方向に延伸し、聖地への奥性が増強される形で発展を遂げる。

日本の参道空間は、鳥居や橋といった結界をくぐりつつ、石畳を通じて奥へといざなう、み

清水寺の舞台

にぎわいを見せる産寧坂

がらんとした清水寺の境内入口

ちゆき空間であり、その焦点は空虚である。

ロラン・バルトは、皇居を森に囲まれた空虚といったが、確かに日本の空間構造は、しばしば図像的クライマックスを持たない。焦点としての「無」は、周辺空間に奥性という方向性のみを演出し、アクセスするプロセスそのものが重視される。

日本の伝統空間にこの構造は通底する。

神社なら本殿、寺院なら本堂（金堂）があって、その中にご神体、ご本尊が安置されているが、通常はそれを見ることはできない（寺院には「御開帳」があるが、神社にはそれすらない）。また、神社といえば、豪壮な拝殿があっても、通常、本殿はその奥に隠される。あるいは本殿すらなく、山や森そのものが神の依代とされて、その奥に踏み入ると注連縄が巻かれた大樹や岩くれが鎮座するだけといった形も少なくない。

要するに、極点が極点としての重力を持っていないのだ。

近世日本の城下町が、軍事上の目的から見通しを許さず、筋違いや折れ曲がりといった迷路性を与えられていることはよく知られている。焦点としての城も、濠や石垣で囲まれた、収斂性のない、奥性を持った配置関係で都市に組み込まれている。

近世の松江の城下町の模型。松江城を中心に取り囲むように、筋違いや折れ曲がりといった迷路性を持って市街は形成された（模型は松江歴史館所蔵）

西欧の中世城郭都市も、高石垣と城門を持ち、迷路性を持った、見通しの弱い有機的な構成をしている。しかし、行政上の中心である庁舎や精神的中心である教会を焦点に街路は区画割りされ、広場を持って結節した。ほぼ同じ目的であるにもかかわらず、構造形態は異なる。

バロック期以降、オベリスクを持った星形の交差点広場と放射状街路構成が成立したことは既に見てきたが、これは一つには迅速に兵を輸送したいという軍事的理由が含まれているといわれている。一方、近世日本の城下町が、同じ軍事上の目的から、逆に見通しを許さず、筋違いや折れ曲がりといった迷路性を与えられていることは、どう考えるべきなのか。

それは軍事戦略の思想が違うからだということはもちろんできる。だが一方で、都市文化として「そうしたかった」からそういう形態をしているということも可能だ。

都市の凝縮たる、庭園文化にもこの傾向は顕著だ。

実は室町期までは、日本庭園も運動性を伴わない静的な視座を持った空間だった。この時代までは浄土式庭園といい、宇治の平等院などが代表だが、仏教世界の縮景、象徴としてデザインされていた。必ずしも回遊性を意識して設計されたものではない。

回遊(廻遊ともいう)式庭園という概念の契機は、茶道の台頭である。

一般には桂離宮庭園が回遊式庭園の最初の完成形といわれており、いうまでもなくそこには宗教色は薄く、茶道、数寄屋の思想が色濃い。時代的に見れば桂離宮に先立つのが西芳寺であり、鹿苑寺であるだろう。だが、時代という思想体系は切れ目のない連鎖であり、これらの空間にも既に回遊式と同様の運動性が垣間見える。

茶庭はもともと「ろじ」といわれていた。今では「露地」と書くが、もともとは「路次」という表記で、文字通り茶室に至るまでの「道すがら」という意味であった。すなわち〝みちゆき〟である。

回遊式庭園の特徴は、「見え隠れ」などといい、わざと全貌を見せず一部を隠しながら(造園でいう「障り」という技法)奥へ奥へといざなう運動性にある。

同時にこの運動性は、三次元的な空間を移動する中で、様々な意味やニュアンスを感じ取りながら、いつの間にか心象風景を体内に形成することで体験される。「シンボルの分布という形で空間化が行われている。*」のだ。

この独特のみちゆきの概念は、それ自体が日本の空間文化の特性を示しているといっていい。

にぎわいの場にしても、いわゆる広場的なオープンスペースよりも、奥性を持ったみちゆき空間こそが、日本の空間文化のプロトタイプであり、その複合体が「界隈」という現象と考えられる。

## 日本的なにぎわいの空間構造

いわゆるプラザ、ピアッツァと呼ばれる西欧型の広場を、アクティヴィティの面から〝人間活動の活性化をいざない生成する場〟としてのオープンスペースと仮定してみる。この概念なら、「広場」の空間文化を持たない日本でも同様のニュアンスを持った空間を演出することは可能と思うからだ。

しかし、その場合でも「2–1 持続するにぎわい空間」で見たジッテのにぎわい五原則は、やはり西欧型広場という形式を前提としたものであり、同じ質を日本の空間文化に与えるには、参道的な、つまり、奥性を持ち継起的に連鎖するみちゆき空間を前提に多少読み直されなければならない。

やたらくどくどと書き連ねていて恐縮なのだが、どうしてもこの辺りのことをどこかで書いておかないと、西欧の広場の空間構成をそのまま移植しても我が国のにぎわいづくりには直結しないということが語れない。

改めてここでは、ジッテの五原則を基本に、日本の都市空間において、広場に限らず、街路でも水辺でも適応する空間資質として、にぎわいの原則を再整理してみようと思う。

いわば、「日本的なにぎわいの原則論」といってもいいものだ。

まだ試案にすぎないのだが、今のところそれは次のようになる。

**❶ 主景が存在すること**

**❷ 領域性の優れた空間であること**

＊ 伊藤ていじ『日本デザイン論』鹿島出版会

❸（主景に対し）適切な大きさと形を持ったオープンスペースが配置されていること
❹不規則な形態であること
❺奥性を持った構成であること

まず❶だが、西欧の広場には市庁舎か教会という「主景」が存在することは既に述べた。同じように、日本の伝統空間でも、主景と呼ぶべき対象はある。城下町なら城、門前町なら寺院、鳥居前町なら神社がそれだ。これに加えて日本文化ではさらに、遠望する山や海、あるいは森や水面でも主景になることは可能であり（「山アテ」や「富士見」「潮見」など）、しかもそれらは、必ずしも建築的な三次元空間のような、立ち上がったファサードを持っているというものでもない。

重要なのは、主景に象徴的な意味性があり、それに向けてきちんとオープンスペースが方向付けられているかどうかだ。

正確にいえば、主景に対して（奥性を持ちつつ）、きちんと場が「付け」られているかどうか。むろん、主景が建築的背景のように、きちんと立ち上がるに越したことはないのだが。

❷は、ジッテも指摘している、領域性の重要性だ。にぎわいを創出するには、ある程度囲い込まれた領域性が必要だ。広場的空間はもとより、街路や水辺でもそれは同じことだが、日本の広場はこの形になかなかなり得ない。車道が貫入し、不ぞろいの街並みが背景に連なる。領域性が形成しにくい。

しかし、「結界」や「見え隠れ」でもいい、何らかの形で領域性を形成しないと、やはり〝気が抜けて〟しまうのであって、そこに活力は生まれないのである。

❸の主景に対する広場の大きさと形について、ジッテがいくつかの仮説を提示したことは第2章で述べた。

しかし、「奥」という、視覚化していない存在でも主景たり得る日本の空間文化においては、適切な形や大きさといっても概念化が実に難しい。

しかし、ここが最も肝要な点なのだ。少なくともいえることは、奥性を持った主景をイメージし、それに方向付けた空間構成によってにぎわいは創出できるということだ。逆に、主景のイメージなしに、ただスペースだけ整えても活力は生まれない。

では具体的にどのようにデザインするかということなのだが、自分が都市設計家として常に悩み苦しんできたのもそこであり、これからも追求し続けるであろうテーマがここにある。

その具体例はケーススタディで示すことにする。

❹の不規則な形態というのも、カミロ・ジッテの原則と同じだ。あまりにも整形の敷地ではにぎわいが創出できないし、権威主義的な硬直した空間になりかねない。逆に、幾何学的に整った敷地でにぎわいを生み出す際は、むしろ内部空間でどう崩すかということを考えなければならない。

河川（大橋川）そのもの、あるいはその西方にある出雲大社を主景とすると考えられる多賀神社（島根県松江市）。参道が川へ延びて、水上に神籬（ひもろぎ）がつくられている

❺の奥性は、日本の空間文化のキモである。

西欧に広場があるように、日本の空間には参道があると述べた。参道というより、それに象徴される「みちゆき」の空間構造といった方が正しいのだが、そのつくりの要諦こそ、「奥性」である。日本のにぎわい空間において、参道空間は、必ずしも正面に寺社が見えているとは限らない。しかし、その奥に主景としてのそれが存在し、それに方向付けられていることは誰もが知るところである。そこが重要であり、そういった奥性を持った、みちゆき空間こそ、日本のにぎわい空間の基本形だと考えている。

香川県琴平町の金刀比羅宮のつづら折れの階段が続く参道や、伊勢神宮の表参道「おはらい町通り」などは、まさにその典型的なみちゆき空間である。浅草雷門も同様だ。複数の山門の存在と、そこにぶら下がる巨大な提灯が見え隠れとなって、奥行きを生んでいる。

先行きが見え隠れしながら、奥へ奥へと導かれる動線。奥に社殿や本堂があることを誰もが知る中で、そぞろ歩きが成立する。ヴェルサイユ宮殿の壮大な軸線構成とは間逆の概念である。そして本殿に到達しても、そこには、ひらりと布が垂れ流され、奥が見えない虚空の空間で終結する。あるいは、本堂前の香炉で焚き込まれた煙の向こうに、伽藍の奥は暗がりとなって見えない。奥性を感じさせて締めくくる、焦点のないクライマックスというべきか。

第2章では、ジッテの五原則を、にぎわいのデザイン手法における一種の「型」のようなものだと述べたが、ここに挙げた五原則もまた同様である。

これらの原則を適用することで、ある程度のにぎわい空間は創り得る。しかし、これらがすべてではないし、すべてそろわなければダメということでもない。

ともかく、以上の諸原則を手掛かりに、まずは日本の伝統空間を中心に、にぎわいが持続する場の構造を解析してみようと思う。

金刀比羅宮の階段参道（琴平町）

01

# 金山町の街並み

## 時間をかけて創り手と住まい手が会話を重ねてつむぎ出した練熟のまちづくり

山形県最上郡金山町

水辺に柵はない。これだけでも民度の高さが知れる。橋の高欄も低い。石積み護岸、自然石の車止め、石畳、民地の塀や屋敷林に至るまで、すべてが丁寧な造りだ。水辺で子供たちが騒いでいた。悪戯をしているのではない。道草がてら、ゴミを拾いながら遊んでいるのだ

路地の風景。疎水に沿って伸びる飛石状の延べ段が、やさしく人を招く

秋田県との県境にある山間のこのまちは、杉の美林で知られる「金山杉」の産地であり、その杉をふんだんに使い、伝統の金山大工によって建てられる「金山型住宅」は、まちの活性化の有効な取り組みとして全国に知られている。その街並みは確かに見事だが、実際に訪れて驚かされるのは、細部に至るまで丁寧につくり込まれた街路や広場、水辺といった都市施設だ。それらが織りなす「みちゆき空間」は、美しくも情緒的なシークェンスの連鎖として心にしみる。

造形に擬似的な素材は一切ないし、決して華美ではない。舗装もストリートファニチュアも、コンクリートや木質の素地が生かされた、むしろ質素とすらいえるものだ。たとえば磨き丸太を立て込んだだけのフェンスは、腐れば取り換えればいいというシンプルな発想だが、補助金感覚がしみついた昨今の自治体にはなかなか真似できない。地元の理解と協力が不可欠な形なのだ。

金山型住宅が並ぶ街角風景。さりげなく見えるが、木塀やコンクリート塀も丁寧な意匠だ。街路の一部には石畳が敷かれ、歩車道を自然に分ける。疎水が水音を静かに奏でる中、子供たちの声が明るく響く

「通り抜けできます」のサイン。まちの人と会話しているような温かさが風景に現れている

なぜそんなことができたのか、と問うことすら無粋であることは、風景が語っている。たとえば川沿いに柵がない、抜け道に「通り抜けできます」というサインがある――など、責任と信頼の雰囲気がそこかしこににじみ出ているのだ。

真壁が美しい金山型住宅も含めて、この景観が一朝一夕に形成され得ないことは明らかだ。時間を掛けて創り手と住まい手が会話を重ね、想いが共有されなければこのクォリティに到達しない。練熟のまちづくりといっていい。

このまちは持続するだろう。主景たる山並みを背景に、きらめくような生活感に満ちあふれた風景には、日本の風土・文化が到達し得る、本当の豊かさ、活力の方向性が示されている。

## 02

# 小布施

長野県上高井郡小布施町

### 西欧の中世都市的な空間構成を上質な和様で仕立て上げた、みちゆき空間のタペストリー

湯布院と並び、住民主導型のまちづくりの成功事例として名高いのが長野県の小京都、小布施である。

小布施は、建築家である宮本忠長がマスター・アーキテクトとして、デザイン・コンセプトからランドスケープ・デザイン、主要施設の設計までを一手に手掛けたことで知られている。宮本自身が「小布施はヨーロッパのまちに似てロマンが感じられ、先達の魂が漂い、我々を引き込む力がある」といったように、表層は伝統様式に立脚した和様に整えられながら、実はかなり西欧中世都市に近い骨格で計画されている。

中心部は「笹の広場」と「幟の広場（小布施堂駐車場広場）」という二つの広場であり、接してこそいないが近い位置にある。主要施設は高井鴻山記念館と北斎館だが、小布施堂や酒蔵など、他の施設も風情を持って地区景観に貢献している。これらを有機的に結び合わせ、界隈を形成しているのが、元は畑の畦道だったという「栗の小径」をはじめ、複数の通り抜け通路や路地だ。この構成は、規模こそ小さいが、サンジミニャーノなどの迷路性を持った西欧の中世都市に近い。

もう一つ、小布施の秀逸な点は、主要部の建築や広場、路地空間が「修景」という手法でデザインされていることだ。可能な限り既存の施設を生かし、土塀や緑などを保存し、あるいは移築するなど、できるだけ時間の蓄積を持ったものを残しながら風景が整えられている。伝建地区のような、単なる保存ありきではないのだ。宮本は「人の生がある、生き生きとした景観」こそ創るべきだといった。その理念が、この「修景」という言葉に込められている。

それぞれの空間は、伝統様式に立脚しながら実は自由にアレンジが施され、自然素材による細やかなディテールが丁寧に織り込まれて美しい。伊勢・おかげ横丁も素晴らしいが、テーマパーク的な雰囲気が若干鼻につかなくもない。しかし、小布施はより自然で、むしろフランスのサンポール村などを思わせる、生き生きとした完成度の高い風土景観になっている。洗練されつつ、さりげなくもくつろいだ雰囲気に、自然と人は集まるのだ。

にぎわいの中心部の1つである「笹の広場」。あえて中心部にまとまったオープンスペースを取らず、みちゆき的な空間で溜まりを演出している

小布施中心地区構成図

「笹の広場」に出されたオープンカフェは、特定の店舗に属さず、誰もが使っていい形になっている。これも小布施的なおもてなしである

複数の通り抜け通路や路地がネットワークになって界隈を形成している。この「栗の小径」は、元は畑の畦道であった

03

# 浅草雷門・仲見世

## みちゆき空間でありながら、バロック的なアイストップを持つにぎわいのヴィスタ

東京都台東区

西欧なら聖母堂（ドゥオモ）といっていいほどの存在感を持つ、東京下町のモニュメント・浅草寺。その表参道が仲見世であり、エントランスはいうまでもなく雷門だ。松下幸之助が奉納したという大提灯が祝祭性豊かに参詣者を出迎える。

仲見世は、浅草寺の主軸（表参道）でありながら両サイドに並行してサブ街路を持ち、それ自体が奥行きを持った線状の界隈空間といっていいものだ。

その空間構成だが、直線的な街路でありながら、見え隠れを効果的に使った「みちゆき空間」となっていることに着目したい。まず「雷門」と染め抜かれた巨大な提灯は、ゲート性の表示でありながら、一方で巧みに視界を抑制して奥性を演出している。抜ければ、次に遠くに宝蔵門が、やはり大提灯をぶら下げてアイストップとなり、参詣者をいざなう。途中、伝法院通りと交差する箇所は、やや交差点広場的な結節点となるなど、みちゆきに適度な変化がついていて、引力が最後まで持続する形だ。

次々に結界を抜け、奥へと導かれる構成は、典型的な参道空間なのだが、浅草寺の眼目は本堂前の図像性にある。

一般に神社境内に比して寺院は、ヴィスタ＋アイストップ的な主軸構成がより顕著なものだが、軸線を嫌う日本の空間文化は、外来である仏教空間であっても、しばしばこれを崩す。軸線が歪み、あるいは筋違いが生じ、その結果として、本堂のクライマックス性は弱まる。

ところが、その点浅草寺は明快で、仲見世から続くシンメトリカルな軸線構成が、順調に積み上がって、本堂前で素直にクライマックスを迎える。朱塗りも鮮やかな大伽藍が堂々と視線を受け留め、さらに巨大な提灯が祝祭性にとどめを刺し、空間を一度完結させている。よく見れば、香煙たなびくその向こうに風景は煙り、提灯の奥に伽藍は暗がりとなって、さらなる

雷門が現在の形に近いものになったのは近世以降だ。朱塗りの山門と江戸文字で染め抜かれた大提灯が、祝祭性を演出すると同時に、背後を見え隠れにして奥性を演出する

奥性を暗示している。しかし、シーン全体としては、西欧バロックの「ヴィスタ＋アイストップ」的な明快さで祝祭性が演出され、骨太の華やかさを生んでいるのだ。伝統空間なぞ興味なさそうな女の子たちが、「チョー、テンション上がるう！」と嬌声を上げるほどにその効果は絶大だ。

この力強いモニュメントを主景に、その影響力が波及する界隈は、かなり広域に及んでいる。

中でも浅草寺の敷地西側沿道は、かつては耳に赤鉛筆を挟んだ競馬目当ての親爺たちがひしめく、お世辞にも品がいいとは言い難い通りだったが、今や南欧のオープンカフェよろしく（そこまでお洒落ではないが）、街並みに向けてにぎやかに酒席が並ぶ活気ある飲食街となった。酔客に絡まれて聞かされたことには、スタージョッキー・武豊のおかげで競馬のイメージが刷新され、若い女性も訪れるようになり、その結果、まちの雰囲気が変わったというのだが、さて——。

仲見世から続くシンメトリカルな軸線構成が、順調に積み上げって本堂前でクライマックスを迎え、空間が一度完結している。よく見れば香煙の向こうに風景は煙り、提灯の奥の伽藍は暗がりとなって、さらなる奥性を暗示している

仲見世は、浅草寺の主軸（表参道）でありながら両サイドに並行してサブ街路を持ち、それ自体が奥行きを持った線状の界隈空間となっている

浅草寺の敷地西側沿道は、今や南欧のオープンカフェよろしく、街並みに向けてにぎやかに酒席が並ぶ活気ある飲食街となった

04

# 巣鴨とげぬき地蔵尊

東京都豊島区

## 宿場町から派生し、都市伝説が活力をもたらした謎のにぎわい空間

「おばあちゃんの原宿」と呼ばれる巣鴨地蔵通商店街だが、実際に行ってみると子供や若いカップルなども少なくなく、老若男女でにぎわっている。空間の骨格は神楽坂に近く、ほどほどに直線的な主軸の中途に、主景である曹洞宗高岩寺が接している。

高岩寺の境内は、門から本堂までの参道が短くコンパクトだ。

境内の横手には、やや広いオープンスペースが設けられており、商店街に開いている。西欧型広場のミニチュア版といった風情だが、多目的利用は想定されていないにせよ、この空間が日常的ににぎわいを生じるようにデザインされたものでないため、縁日でもない日常は、取り留めのない空間にただ静かにご高齢の方々が座っているという、不思議な光景が出来上がっている。

地蔵通商店街は、そもそもは旧中山道であり、高岩寺の門前町というよりは、宿場町のつくりが骨格としてある。並行して国道バイパスがつくられた結果、この通りは歩行者主体のゆったりとした風情となり、「とげぬき地蔵」という縁起が高齢者など弱者を引きつけ、安心して憩える空間が出来上がった。

それにしても、都市造形としては、どこにでもある門前町、宿場町のそれであり、凝った石畳があるわけでもなく、表層的には、みちゆき空間として特別な魅力は何もない。

しかし、スケールはいい。路地や横丁よりは広いが、決して広すぎないヒューマンな幅員八mの街路に低層の建物が連なっていて、空が明るい。その上、こまごまとした愛嬌のある商品が街路にはみ出し、中央にはテーブルも置かれるなど、様々な境界が曖昧になっている。その愛すべき猥雑さが、くつろいだ雰囲気をもたらしているようだ。

巣鴨地蔵通商店街は、空間としてはどこにでもある門前町、宿場町のそれであり、凝った石畳があるわけでもなく、みちゆき空間として特別な魅力は見出せない。通過交通がないというだけの一般的な商店街の風情である。ただし、沿道の商品は街路にはみ出し、中央に椅子やテーブルが並んで様々な境界が曖昧になっている。それがくつろいだ雰囲気を醸し出す

主景である高岩寺。門から本堂までの距離はいくらもない

やや広めのオープンスペースを持つ境内だが、縁日でもなければ、ぼんやりと人が座っているだけの凡庸な空間だ

05

# 表参道

東京都渋谷区

## “ザ・参道”としてにぎわい続ける、みちゆき空間のプロトタイプ

表参道は、ファッションブランドが集積する都内有数の目抜き通りとして知られているが、本来は明治神宮の参道である。一九一九（大正八）年に明治神宮の表参道として整備された。威風堂々たるケヤキ並木が百六十二本。これが緑の天蓋となり立体的な領域性でにぎわいを逃がさない。

幅員三六mで中央分離帯を持った六車線は、大通りとしての格式も高い。

この通りのにぎわいを決定付けているのは、ケヤキ並木や個性的な沿道建物のデザインだけではない。明治神宮の参道という空間の重心があって奥性を有していることがまず前提にある。加えて、明治神宮に向かって下って上る、緩いコンケイヴ線

ケヤキ並木は緑の天蓋となり、ファッションビルと鮮やかな対比をつくる。街路は平面的には直線だが、下って上る、「コンケイヴ」型の縦断線形が景観をドラマティックなものにしている。人の流れが明治神宮に向かって次第にせり上がる景観は、「みちゆき空間」としての運動性を生み出す

広幅員の直線街路に堂々たるケヤキ並木がヴィスタを飾る表参道。主景である明治神宮は、遠く見えないが、その存在は誰もが知る。その奥性がみちゆき空間を成立させる

表参道に接続する街路にもそれぞれに個性的で、トータルで界隈を形成する。

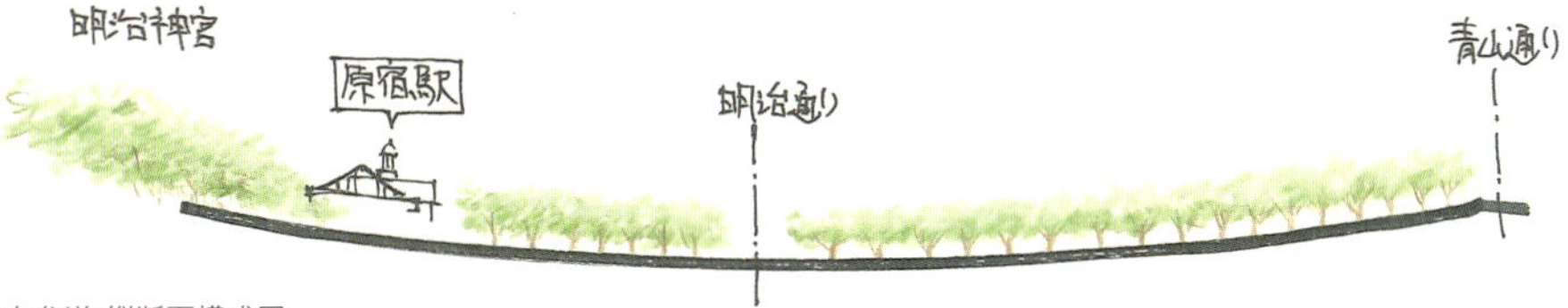


表参道 縦断面構成図

形となっていることだろう。これが奥性を高めているし、薬研坂のようなこの線形は、長い距離で使われるとダイナミックな景観効果が出る。

かつてはこれほどファッションブランドがひしめく通りではなかったが、今や最先端のデザイン建築が並び、人々を惹きつけている。さらに、竹下通りなどのサブ街路が、個性を棲み分けして主軸である表参道にぶら下がり、界隈を形成している。

先の「日本的なにぎわいの空間構造」に照らし合わせてみると、❶明治神宮という直接は見えない主景を持ち、❷ケヤキ並木や沿道建物によって領域性が整っている上に、❸並木の配置構成やそのスケールが適切で、❹街路線形こそ直線だが、緩やかなコンケイヴ形状が人々を牽引し、❺明治神宮という都内有数の神社を奥に持ちながら、さらに代々木公園という広大なオープンスペースも従えて、否が応でもにぎわう構造なのである。

06

# 渋谷駅ハチ公広場

## 絶妙の立地を生かした空間配置がにぎわいを生む

東京都渋谷区

東急東横線が地下化し、急速に変貌しつつある渋谷駅周辺だが、渋谷が若者のまちとしてにぎわいを得たのは一九七〇年代以降のことだ。それまで東急の牙城だったものが、西武百貨店が進出してにぎわいに加速がついた。今では西武に往時の勢いはないが、渋谷は依然として活気を失っていない。

渋谷駅は、東横線、井の頭線のターミナル駅であると同時に、ＪＲや銀座線など複数の鉄道が乗り入れ、さらに大型のバスターミナルも付随した交通の要衝である。駅前広場は自動的に交通結節点にならざるを得ないのだが、東口と南口に交通広場を集約して、北西角に完全な歩行者広場を確保したというのがうまい。それがハチ公広場だ。

何といっても、この立地が絶妙である。この角地は、渋谷の中心繁華街に面したエントランスであり、ここを中心に放射状に街路が延びている。歩行者動線のノードとして、これ以上ない求心力を持つ場だといえるだろう。

そのハチ公広場だが、空間的には特に面白みのない広場である。なぜ面白くないかというと、まず主景がはっきりしない。ハチ公は主景ではない。空間のアクセントであり、オブジェ以上のものではない。主景はやはり渋谷駅ということになるだろうが、駅舎そのものに建築的なモニュメンタリティはなく、ただファサードがそびえているにすぎない。舗装も味気ないし、施設配置にも見るべきものはない。凡庸なデザインだ。

だが、この広場は、立地と領域性がやたらと優れていることでにぎわいを獲得している。

駅舎のファサードがＬ字形に空間を囲い込み、放射状の街路に正対している。駅舎を背にすると、外周を中高層のビル群に囲まれ、さらに、複数の街路に接しているものの、視線は完全には抜けず、道玄坂の正面にはアイストップとして東急１０９ビルがそびえるなど、うまく空間が閉じている。我が国には珍しく、実に西欧広場的な空間構成なのだ。

デザイン的には特筆すべきものはないが、それでもにぎわう。立地と配置計画が絶妙にかみ合った、プランニングの勝利である。

本来主景であるはずの駅舎そのものに、建築的なモニュメンタリティは希薄だ。L字形にファサードがそびえて、広場の領域を形成している

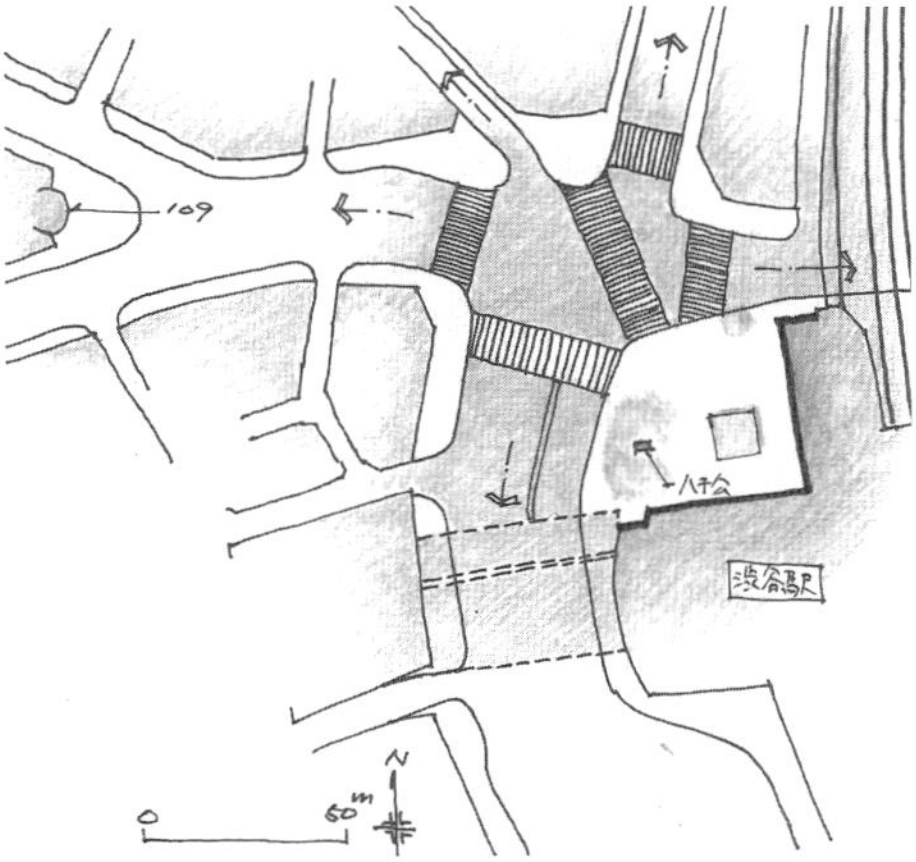


ハチ公前広場構成図。放射状の街路の結節点になるように広場は形成されている。

ハチ公は主景ではない。空間のアクセントでありオブジェだが、その愛すべきエピソードはよく知られており人気は高い

複数の街路が放射状に延びる結節点にハチ公広場はある。街路の視線は完全には抜けず、道玄坂の正面にはアイストップとして東急109ビルがそびえるなど、うまく空間が閉じている。我が国には珍しく、実に西欧広場的な空間構成を持つ

07

# 新宿三井ビル「55ひろば」

東京都新宿区

## 東京のヴェスト・ポケットパーク

主景としての新宿三井ビルだが、領域性の形成以上にはさほど存在感はない

新宿駅西口は、広大な浄水場跡地を骨格に形成された再開発地区であり、二層構造の立体街区の高低差は浄水場の高さを継承したものだ。

都庁を中心とした高層ビルが林立する高密度業務街だが、残念ながら初期に建設された建造物の足元は、公開空地という制度的な位置付けを形ばかり整えたにすぎないものが多く、オープンスペースとして魅力あるものは少ない。

例外は、この新宿三井ビル「55ひろば」だ。大学の講師として何度か学生を引き連れて、ここと隣接する殺風景な住友ビルを並べて見せて、いい例・悪い例の事例としたものだ。

55ひろばは、西口地区の高低差を巧みに生かし、地上部から広場をぐるりと見渡せる一種のサンクンガーデンとしてつくられている。

日本には珍しく西欧広場的な空間構成で、主景としての三井ビルがあり、サンクンガーデンという完全な領域性を持って閉じている。その空間内部だが、点在するケヤキが梢を広げて天蓋となり、その下に移動可能な椅子やテーブルが並ぶなど、接続道路のある車道側に水景を取った以外は、ニューヨークのペイリーパークの構成、というよりはその原型となったロバート・ザイオンのヴェスト・ポケットパークの概念をほぼ踏襲している。

まちの喧騒を楽しみつつ、プライベートな時間を過ごせる都会人のための憩いの場となるのも納得の空間なのだ。

道路側に設けられたカスケードと、その上を飛ぶペデストリアン・デッキ。デッキ自体も視点場として、さらに領域性の形成にも有効に働いている

ケヤキの天蓋、その下の移動可能な椅子やテーブル、正面のカスケードなど、ロバート・ザイオンのヴェスト・ポケットパークのコンテンツをほぼ踏襲している。巧みな立体構成を持ったサンクンガーデンであるところが違いだ

08

# 新宿駅東口界隈

## 主景のない界隈が増殖した カオス的異界

東京都新宿区

主景のはっきりしない東口駅前広場とその前のスクランブル交差点

高野フルーツパーラーをアイストップに持つモア4番街。オープンカフェがすっかり定着した

このまちは、江戸期には内藤新宿として知られた宿場町であった。今では、JRと複数の私鉄がターミナル型で発着し、鉄道各社合計で一日平均の乗降客数が三百万人を超える、世界一利用客が多い鉄道駅として知られている。

その新宿駅東口界隈といえば、むろん首都圏を代表する繁華街なのだが、自分には、ここが新宿だという重心が見えない。

かつては歌舞伎町のコマ劇場前広場が新宿界隈の中心といわれていたが、そのコマ劇場ももはやなく、すでに商業の重心は歌舞伎町から分散している。

伊勢丹のある東口には、モア街という商業エリアがあり、かつては駅から歌舞伎町へ素通りされるだけの一角だったが、一九八〇年代に石畳と並木で美装化し、にぎわいを引き寄せた。私事になるが、設計事務所に就職して最初に担当したのが、この中の5番街である。施工前と比べて景観整備の効果は確かにあったと思う。

それはともかく、歌舞伎町も含めた新

モア5番街。石畳とともに、狭い街路にケヤキが植えられているのがモア街の特徴

寄席「末広亭」周辺は、これを主景としつつ、猥雑さの中に程よく品のある風情が現れてきた。今や新宿の勢力分布は急速に変わりつつある

宿駅東口界隈に、主景となる場所を探してみると、意外に見当たらない。花園神社はあるが、求心力が弱いと感じる。やはり駅舎が中心ということになるのだろうか。それにしては、建築的なシンボル性がまるでない。

駅前広場としては珍しく歩行者空間が広く確保されているが、主景としての駅舎の存在感が弱い上に、「広場」としてのつくりが整理されていないため、ごちゃごちゃしていま一つにぎわいを受け留められず、やや弛緩した空間にとどまっている。

もともと宿場町から始まったこのまちには、主景のないまま、結節点という場所性だけで発展したようなところがあり、頭のない怪物のような、不思議な地場が膨張してしまったというのが自分の見立てだ。国籍不明のカオス的風情が個性となって、雑多な人々を惹きつける。

善国寺の狛犬ならぬ「狛虎」が、今日も眼光鋭く神楽坂を見守る。神楽坂の風情には毘沙門天の存在が欠かせない

神楽坂の主軸は柔らかいカーブの縦断線形になっていて、その見え隠れによる運動性が、人を奥へと導く、みちゆき空間のエンジンになっている。意外に緑量も多い

## 09

# 神楽坂

東京都新宿区

## 路地裏に「小体な店」が並ぶ、江戸情緒も小粋なダウンタウン

神楽坂は、近世期も江戸城へ登城する坂道の一つとしてそれなりの人通りがあったようだが、一九〇二（明治三十五）年に商店街ができてから急速に盛り場に発展した。

神楽坂上交差点から北と南で風情が変わる。外堀通りに挟まれた南側が、いわゆる神楽坂と呼ばれている界隈である。かつては高級料亭が立ち並び、座敷で芸妓が働く花街であり、今でもその火は完全には消えていないけれど、その風情はかなり薄れた。現在ではちょっと粋な飲食店街というところだが、それでもこのまちにはまだ品位と艶は残っていて、京都の先斗町とも違う、どこかすっきりした風情が東京らしい。

神楽坂を魅力的にしているのは何といっても小路《しょうじ》だ。そのいくつかは石畳になっており、池波正太郎なら「小体《こてい》な店」と呼びそうな、行き届いた居心地のいい酒場が個性豊かに並んでいる。

大阪の法善寺横丁が不動明王を持っているように、神楽坂にも「毘沙門天」善国寺という重心がある。善国寺は神楽坂の表

神楽坂を魅力的にしているのは何といっても小路だ。いくつかの小路は石畳になっており、池波正太郎なら「小体な店」と呼びそうな、行き届いた居心地のいい店が個性豊かに並ぶ

通りにあるため、いわゆる奥性は弱いのだが、やはりその門前町としての風情が神楽坂の磁力となっている。単なる小路も、毘沙門天の門前エリアであるということで風情が変わろうというものだ。

神楽坂上交差点から北側は、少し生活感の濃いエリアだ。実は、自分もその一角の矢来町に設計事務所を構えていたことがある。周囲は、都心の利便性と風情を求める人々が暮らす高級住宅と、昔ながらの市井の人たちが住む住宅が混在し、ちょっと粋でありつつ、どこか飾らない雰囲気が心地よかった。

この北側エリアには、赤城神社がある。これが奥性を創っているといいたいところだが、赤城神社はもともと神楽坂の通りに接していなかった。現在の参道は、戦後に建物を撤去してつくられたものだといわれる。それもあってか、毘沙門天のように界隈の重心になっていない。もし赤城神社を主景に地域を整え直すことができれば、この北側地区の活力は増すと思うのだが。

## 10

# みなとみらいグランモール軸

### 都市デザインの先駆・横浜による、水と緑の新たな都市軸

神奈川県横浜市

全国に先駆けて横浜市は、都市デザイン室を創設し、田村明を室長に各課横断的な権限を与え、一九七〇〜八〇年代にかけて総合的な都市デザインを次々と実践していった。馬車道、開港記念広場、くすのき広場などの秀作をものにして評判となり、当時の日本の都市デザインは、横浜が牽引していたといっても過言ではない。

田村氏が退いたあとも横浜の都市デザインは広域にわたって業績を上げ続けたが、中でもみなとみらい地区は、横浜市を代表する都市開発であり、近年かなりその成果が結実を迎えつつある。

その中心軸は、「ヨーヨー広場」から始まり、横浜美術館前の「美術の広場」から旧ジャックモールへと抜けるグランモール軸である。途中に「いちょう通り」との交差を経て、歩行者専用空間（モール）が約七〇〇mに渡って延び、当たり前のようにオープンカフェが並んでいる。

そのヨーヨー広場だが、ドックランド（国指定重要文化財である三菱重工業造船所跡地）およびランドマークタワーを主景とする街角広場であり、最上壽之《もがみひさゆき》のステンレス製のモニュメントがノード（結節点）としてグランモール軸の起点を飾る。

「美術の広場」は、水景と並木の緑陰が奏功して、それなりの空間にかろうじてなっているが、主景としての横浜美術館の人懐っこさのかけらもない表情が空間をこわばったものにしている。こう言っては何だが、丹下健三の単体空間的な都市デザインのセンスはあまり褒められたものではない。東京都庁の外構もそうだが、都市スケールでオープンペースを確保しても、領域性や質感といった概念が欠落したまま形を整えているだけなので、すぐにスケールアウトしてしまってどうにも居心地が悪い。グランモール軸として、前後のスペースがそれを救っている形だ。

旧ジャックモール沿いは、現時点ではまだオープンカフェも社会実験ということだが、既に横浜市は日本大通りで制度化することに成功しているので、ここもいずれそうなることは間違いないだろう。舗装材やストリートファニチュアなどのセンスもなかなか渋いので、いい商業モールになりそうである。

花壇を中央に配し、並木沿いにベンチが並ぶ旧ジャックモール

ドックランドを背景ににぎわいを見せる「ヨーヨー広場」

いちょう通りとの交差部にある街角広場はポップなデザインで、傍らにオープンカフェも配されている

美術館前の「美術の広場」は、スケールアウトした味気なさを水景と並木がかろうじて救っている

11

# 伊勢神宮おはらい町通りとおかげ横丁

奥性を持ち、継起的に連なるみちゆきの空間は、日本的なにぎわい空間のプロトタイプ

三重県伊勢市

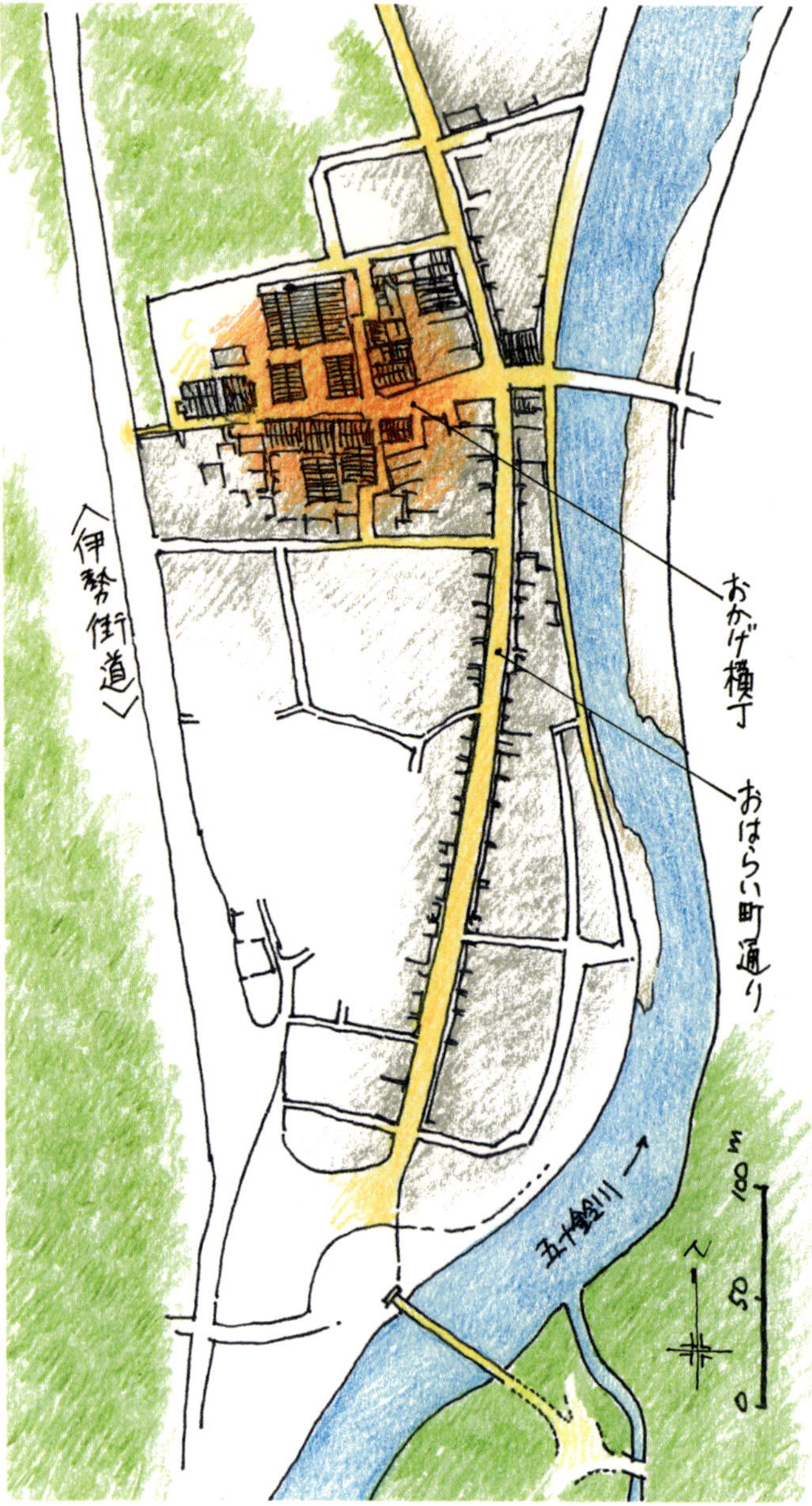


おはらい町通り構成図

伊勢神宮のおはらい町通りのにぎわい。緩やかに曲がって先が見通せない動線は、奥へ奥へといざなう「見え隠れ」の形

伝統様式に整えられた街並み。白と黒の御影石を使った石畳は、オーソドックスなデザイン

おはらい町通りに接続する「おかげ横丁」は、面的な空間でありながら、いわゆる広場的オープンスペースではなく、複数の路地が見え隠れよろしく組み合わされた、入り組んだ回遊式庭園のような構成になっている。縁側的な中間領域がひたすら連なる、みちゆき空間の連鎖だ

おはらい町通りは、並行する五十鈴川と様々な個所でつながり、回遊性を生んでいる

伊勢神宮の正式名称は「神宮」である。伊勢神宮は皇室に直結し、全国ほとんどすべての神社の頂点に位置付けられる。ちなみに、この系列から外れる数少ない神社の代表が出雲大社だ。

伊勢神宮は内宮と外宮に分かれ、内宮の鳥居前町（寺ではないから門前町とはいわない）がおはらい町。その主軸がおはらい町通りだ。地元の老舗和菓子店「赤福」が中心となって街並み整備されたのは一九九〇年代のことである。

この通りの魅力は、整えられた街並みと石畳だけではない。一つにはその線形である。五十鈴川と並走しながら緩くカーブするその形は、神社という重心を補強して、奥へ奥へと参詣客を牽引する運動性につながっている。

一方、五十鈴川に沿った東側の建物は、路地で表通りと川をつなぎ、あるいは敷地内に通路や中庭を設けて水辺に続いている。これも水面という聖域へ向かう一種の奥性であり、空間的な奥行きはそのまま回遊性につながっている。

さらにこのおはらい町通りは、中央部に「おかげ横丁」という中核を得て、界隈としての重心を獲得している。

このおかげ横丁の空間構成がうまい。面的な空間でありながら、いわゆる広場的オープンスペースをあえてつくっていない。複数の路地が見え隠れよろしく組み合わされ、回遊式庭園のような構成になっている。ある程度広めの空間もあるにはあるが、基本は「みちゆき」空間の連鎖なのだ。

しかも自動車が入ってこないから建物と通りは一体化し、内外がつながった、いわゆる縁側的な中間領域がひたすら連なる。

ディテールは伝統様式をよく研究していて、ここまでくると近世のテーマパークといった様相で（それが若干引っかかるのだが）、ともかく日本の空間文化の魅力が凝縮された稀有なにぎわい空間である。

12

# 先斗町

京都市中京区

## 繁華街の外縁を水辺の魅力で受け止める、風情豊かな横丁型の花街

京都の先斗町と大阪の法善寺横丁は、関西を代表する路地的な繁華街であり、いわゆる遊興街、飲食街として空間的な組み立ては一見よく似ている。しかし、先斗町はいわゆる飲み屋横丁ではなく、芸妓の働く花街だというところがまず異なる。

先斗町は、もともと鴨川の洲だったところを江戸時代に埋め立てて生み出された一角である。最初は新河原町通と呼ばれ、茶屋、旅籠などが並んでいた繁華街であったらしい。祇園に近いこの水辺に、やがて芸妓、娼妓が居住するようになり、水茶屋的なもてなしで発展し、次第に花街の風情が整えられ、その後正式に認可された。

空間的な特徴は一見ないように見えるが、街路線形は完全な直線ではなく、微妙に折れたり一部で狭窄したりしているため、適度にスケールが刻まれ、それが奥へと誘引する契機になっている。舗装は、高級とはいいがたいが、中央に切石を斜めに敷き並べ、両側はコンクリートの研ぎ出しという、コストパフォーマンスのいいデザインだ。

しかし先斗町の魅力は、何といっても東側の町並みが鴨川と背中合わせになっていることだろう。五月ごろから九月ごろまで、鴨川や貴船川などでは京都の夏の風物詩として、いわゆる納涼床が出るが、先斗町もその一角として河岸上に仮設の座敷を組み、酒肴や食事を提供する。

先斗町は単独で成立しているのではなく、京都最大の繁華街である四条河原町に接し、並走して高瀬川の流れる木屋町、修学旅行のメッカ新京極と寺町通、これと直交する錦小路という市場街など、複数の個性豊かな通りが織りなす界隈空間の一角である。その外縁部を鴨川の水辺と一体で支えている形なのだ。

その立地、水辺と表裏の空間構成、そして花街という個性が、先斗町のにぎわいを創り出している。その重心というか主景は、八坂神社であり、そして鴨川なのだろうと自分は考える。

微妙に線形が折れ、また一部で狭窄して、適度にスケールが刻まれ、それが奥へと誘引する契機になっている。舗装は、中央に切石を斜めに敷き並べ、両側はコンクリートの研ぎ出しでコストパフォーマンスのいい造形だ

先斗町の夕景。情緒的な灯りに挟まれるようなヒューマンスケールが路地空間の楽しさだ

13

# 高山の街並みと陣屋前広場

## 骨太の伝統空間でありながら、さりげなく人をもてなす小京都

岐阜県高山市

小京都と呼ばれる都市は日本中に数多くあるが、その中でも飛騨地方の高山は、街並みとしてのクォリティが図抜けている。宮川の東側にある歴史的町並みは、生きた本物の伝統空間であり、建築や木工、土木技術のこだわりも徹底していて、何より高山の人々がそれを誇りにしていてゆるがないのがまちの表情にも現れている。重層する時間に引き寄せられて、今日も観光客が絶えない。

初めて訪れたときは、伝建地区の街並みに圧倒されたが、二度三度と訪れると、実はこれを外れたエリアにも風情は豊かに残されていることに気付かされ、むしろそちらの飾らない雰囲気の方がより好ましく思えてくる。どこに行っても本物の地方文化にさりげなく接することができるというのが高山の心地よさだ。宮川沿いに毎朝立つ市場もいい。売り手のおばちゃんと一緒に記念写真を撮りたがる観光客の多いこと。

宮川の西側には陣屋が保存されていて、その前には火除地的なオープンスペースがあり、ここは『日本の広場』（彰国社）でも紹介されている。

日本には広場はなく、「広場化」するのだというのが、『日本の広場』の広場論である。この陣屋前広場は、西欧広場空間と極めて近似した空間構成を持っている。主景として陣屋があり、広いオープンスペースが取り付いている。川沿いに車道が通っているのは残念だが、街路樹が植えられてそれなりの領域性は持っている。ただ、この空間は成り立ちとして、にぎわいの場たり得るよう「用意」されたといえるかもしれないが、積極的にその目的でデザインされたものではない。だから、市が立っていないときの広場は空虚にならざるを得ない。

形は似ていても、やはりここは西欧広場とはまるで異なるものなのだ。

伝建地区には、雪景色にも多くの観光客が訪れる。生きた一級の伝統空間である

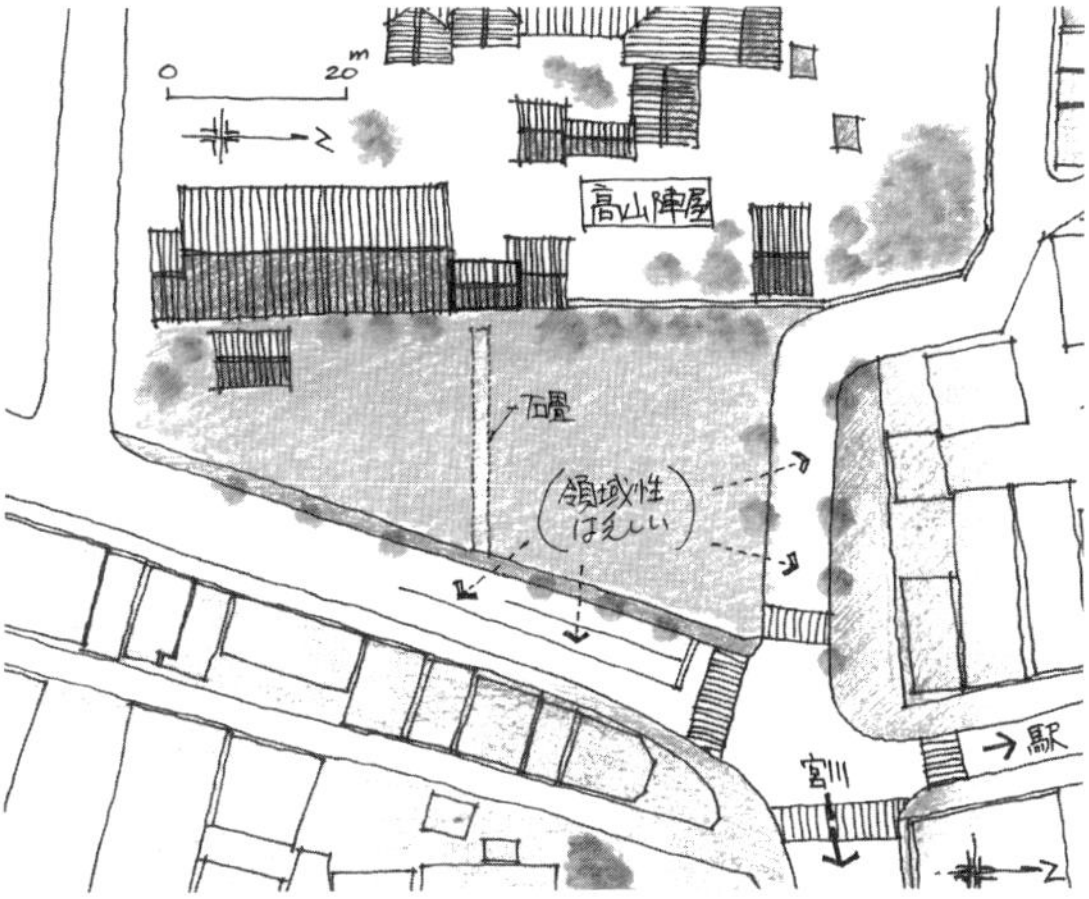


陣屋前広場構成図
外周を街路が巡り、領域性は乏しい。歩車道が整備される前は、建物に囲まれた形で、まさに西欧広場的な空間構成だったと思われる。しかし、それでもこの広場は西欧のそれとは根本的に異なる素性のものなのだ

朝市でにぎわう陣屋前広場だが、市が引けると閑散とする

14

# 法善寺横丁

## 不動明王という聖的な奥性に支えられた「横丁」という、最小のみちゆき空間

大阪市中央区難波

法善寺横丁入口。この門から石畳が始まる。明快な領域性

昭和期に織田作之助の小説『夫婦善哉』や、ミヤコ蝶々と南都雄二夫妻による同名のラジオ放送によって全国的に知られるようになった大阪の法善寺横丁。いわゆる路地的な繁華街であり、飲み屋横丁という類いのものだが、一般のそれと比べて違うのは、風情ある石畳と、「水掛け不動尊」で知られる苔で覆われた不動明王と金毘羅堂の存在だ。

正確には「法善寺横丁」と看板の立つ小路と「お不動さん」は接しておらず、短い路地でつながっている。そのわずかなずれが奥性を生んで、小さな界隈を構成している。

法善寺横丁は、江戸時代に浄土宗天龍山法善寺の境内の露店から発展した。その後太平洋戦争の空襲（一九四五年三月十三日）で境内の六堂伽藍が焼失し、法善寺横丁の店舗も焼失したが、不動明王像だけが残っていたという。

地域の人々の信仰は篤く、参拝者が絶えることがない。常に香が焚かれ、聖域としての風情が色濃い。

しかしこの周囲はというと、いわゆる関西を代表する繁華街ミナミにあって難波、道頓堀という飲食街、風俗街のただなかである。決して品のいい領域とはいいがたく、人によっては立ち入るのに躊躇するであろう風情の一角なのだ。

しかし、だからこそ、この法善寺横丁の聖域情緒がギャップとして救いとなる。

いわゆる格が高いとかいうのとは違うのだが、欲望が剥き出しになったまちなかにおいて、この一角の存在は大きい。ハレとケガレは表裏なのだということを実感する場である。

金毘羅堂から街角を見る

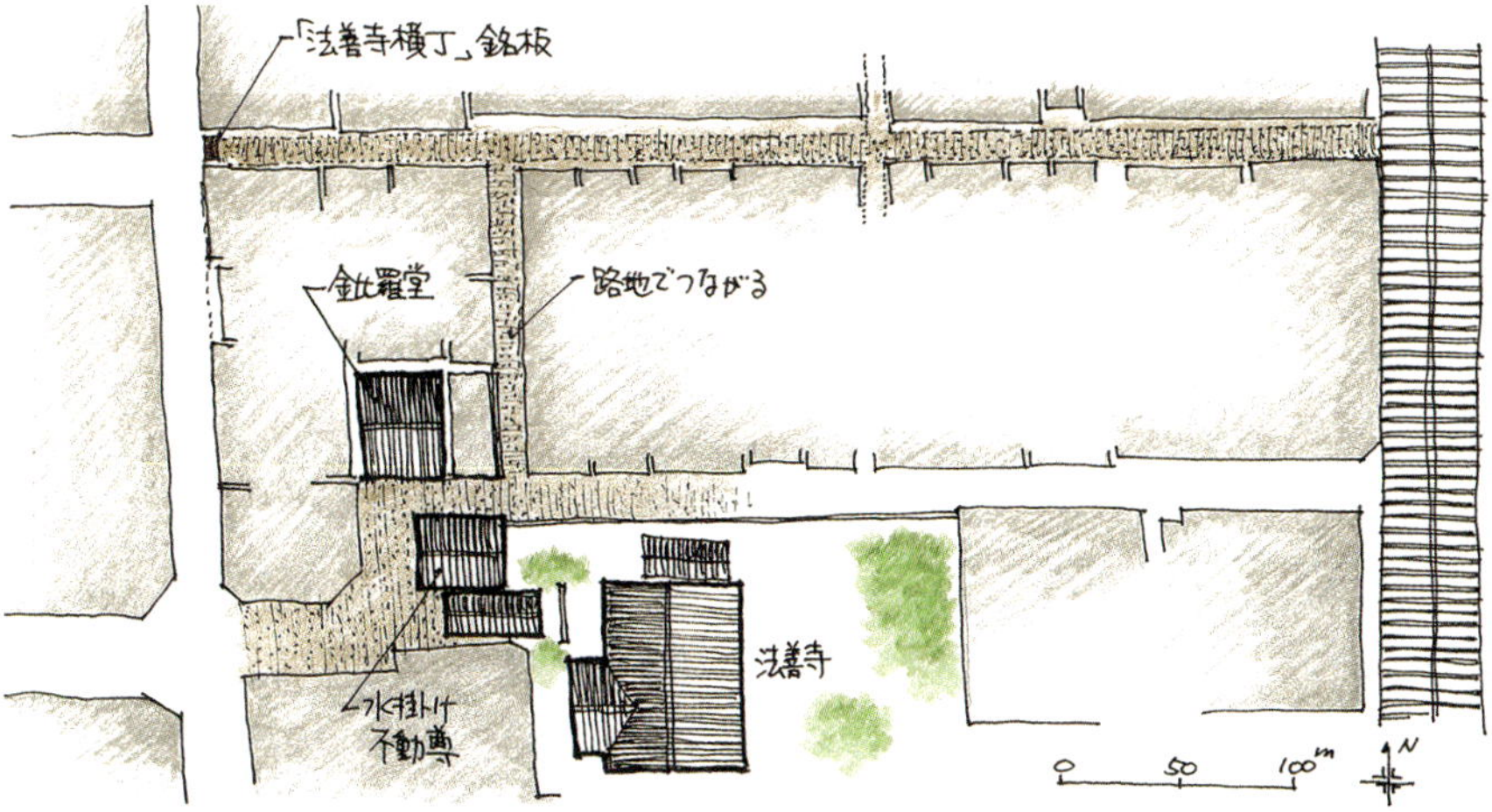


法善寺横町構成図

「水掛け不動尊」で知られる苔で覆われた不動明王と金毘羅堂が並ぶ街角が、法善寺横丁の重心である

15

# 神戸メリケンパーク、ハーバーランド

兵庫県神戸市

ウォーターフロントとしての資質十分でありながら、まちと絶縁された空虚なオープンスペース

旧居留地エリアは、複数のアーケード商店街が発達してにぎわっている。残念ながら、ウォーターフロント地区との連動性はほとんど感じられない

神戸の中で、最も神戸らしい場所はどこなのか。このまちの隆盛が、幕末の「安政の開国」による開港五港*を契機と位置付けるならば、やはり元町駅より南側の旧居留地がその中核ということになるだろう。

確かに、観光ガイドブックを開けば、北野異人館街にちょいと寄りつつ、旧居留地を散策してメリケンパークに抜けるのが、神戸らしさを満喫する定番コースとして紹介されている。いうまでもなく旧居留地界隈は、アーケード商店街も発達し、中華街も内包するなど、にぎわいのヴォルテージは高い。

しかし、その勢いで港に向かって歩いてみると、国道二号線（海岸通り）と高速三号線の高架道路が、巨大な「川」となってにぎわいを寸断している事実は否定できない。

メリケンパークは、旅客ターミナルと商業コンプレックスであるモザイクガーデンに続き、ハーバーランドも加えて、一大ウォーターフロント空間を形成している。日本は、これだけ水際線を持った国でありながら、諸外国に比べて港湾地区のウォーターフロント利用が見事に下手だが、さすがに開港五港の各都市はそれなりの空間を確保している。

ところが、残念なことに神戸は、その昔は違っていたであろうに、中心市街地と動線的に（空間的にも）切れてしまい、その結果、ウォーターフロントの拠り所がなくなった。まちと切れては、ウォーターフロントは活力を得ないのだ。

切れた動線によって、領域性も失われた。その結果、メリケンパークは、人の居場所が見出しにくい茫漠たる空間に陥ってしまった。

主景もない。ポートタワーがあるではな

国道2号線（海岸通り）と高速3号線の高架道路が、巨大な「川」となって旧居留地とウォーターフロントを寸断している

メリケンパークの主軸。アイストップは希薄だ。ポートタワーも空間構成に積極的に参加しているとはいいがたい。広場空間には領域性は乏しく、茫漠な雰囲気でスケールアウトしている

モザイクガーデンの眺望テラス。ウォーターフロントなのに、水面はやたらと遠い。ニューヨークのピア17との違いだ

いかといわれるかもしれないが、これだけの広大なウォーターフロントを統括するモニュメントとしてはあまりにも貧相だ。本来は、旧居留地と複数の動線で緊密に結び合わせることで、初めてこの空間ヴォリュームは機能するはずのものだ。だが、今や広場のスケールは完全にヒューマンなものから外れてしまった。

比較的ヒューマンスケールを持っているのはハーバーランドの商業施設モザイクガーデン周辺だが、残念ながらかなり「中閉じ」のつくりになっていて、ウォーターフロントの立地がうまく生かされていない。半屋外的な空間を、どれほど魅力的に用意できるかがポイントなのだが、水面からは遠く、また眺望も、内部からはこま切れ状態というのが残念だ。もっとシンプルにおおらかに大胆にデザインしてほしいと心底思う。神戸がそれをやってくれないと、全国のウォーターフロントは活性化しないのだから。

＊開港五港とは、函館、新潟、横浜、神戸、長崎である

16

# 広島・太田川河畔

## 水網のみちゆき空間として連鎖するにぎわい空間

広島市

原爆ドーム下の河岸テラス。このほかに2基のテラスもデザインしたが、その後、周辺に設定されたテラスや河岸プロムナードについても、これらのディテールが踏襲された

浮桟橋が接続する溜まり空間として整備された元安橋・橋詰の河岸テラス。橋詰広場にオープンカフェが定着したのは嬉しい誤算だ

元安橋の橋詰広場はオープンカフェでにぎわうようになった

広島は、太田川水系の中洲を掘割に見立てて形成された城下町である。自然地形の河川をベースに、人為的に引かれた水路や掘割が加わり、水網的な骨格を持った水都となった。本来は、広島城を焦点とする城下町だが、原爆によって灰燼に帰し、復興を遂げた今では、原爆ドームや平和記念公園が都市の新たな重心になっている。

この水辺自体が、広島城や原爆ドームを主景とする、「みちゆき」の空間として有機的なネットワークを形成していることに着目したい。自然線形によって緩やかに曲がりゆく形は、自然の見え隠れ景観であり、奥へ奥へといざなう活力のエンジンとなっている。

原爆ドーム下やその対岸などに配置されている河岸テラスは、自分が大学院の際に東京工業大学・中村良夫教授の指導の下、担当してデザインしたものだ。平和記念大橋に渡る、元安橋の橋詰広場は、ポンツーン（浮桟橋）付きの河岸テラスとして、社会人になってから、やはり中村先生と協働した。

この橋詰広場は、二〇〇〇年に実験的に、最初はテイクアウトの仮設型店舗としてオープンカフェが実施されて以来、議論が繰り返されて次第に制度が整えられ、二〇〇七年からしっかりした店舗型のカフェとして定着した。今や、公共空間における民間営業、その結果としての水辺のにぎわいづくりの先進事例となっている。

確かにこの橋詰は、まさに街角広場として使ってもらうべくデザインしたものだ。そういう意味では、この橋詰広場は、『日本の広場』でいうところの、「広場化して」できたものではない。しかし、中村先生も私も、ここがオープンカフェとして、ここまで定着するとは思っていなかった。嬉しい誤算である。

column

デザインの眼 8

# 要素は減らすべきか、パターンは入れるべきか

要素の整理統合は、デザインの基本中の基本であって、原則的には要素は統合し減らすべきである。これを徹底するだけでも空間の品質は間違いなく向上する。あえて要素を増やしてデザインすることは、相当の力量が必要とされるといっていい。

照明柱と信号機を共架したり、防護柵と照明柱を一体化する、あるいは舗装素材を限定して用いるという考え方が、パブリックスペース・デザインの基本だ。ボラード（車止め）や照明柱など、一つの風景の中に複数の立ち上がり構造物があれば、共通のモティーフで整えたい。

ところが、多くのデザイナーは、しばしばここで罠に落ちる。造形したくなるのだ。あるいは、シンプルな造形では不安になるようだ。

たとえば街路。ほとんどの場合、ボーダーを入れたり、規則的なパターンを繰り返す。

都市デザインの学習過程で比較的早い時期に欧州の洗礼を受けた、自分のような者にはこの感覚が薄い。素材感のある石材や煉瓦をシンプルに用いることで、都市の床そのものがゲシュタルト的な地となり、その上に立つ人や建物を浮かび上がらせるということを知っているから、必ずしも凝った舗装パターンに頼る発想がない。「海岸だから波模様の舗装を入れたい」、「特産品を照明柱の飾りに添架したい」といった感覚は、全く理解しがたい。

色彩も、でき得るなら素材色こそ基本としたい。あえて色彩を用いる場合は、ある程度の修練が必要である。

ポルトガルの都市に見られる鮮やかな舗装パターンは、いたずらに組んだものではない。歴史的な伝統文様である（上段／ポルト、下段／ブラガ）

土木では、街灯や標識柱などを、「景観色」といってダークブラウンに塗装することが多いが、木造家屋の多い日本の街並みの中では、古色ある木材が同系統の色彩となり、かえって中途半端に合わせたようになって違和感が残ることになりがちだ。

コンクリート、ガラス、石材、煉瓦などは素地で使い、スティールなど塗装しなければならないものは、極力ダークグレーなどのモノトーンとすれば、異なる素材が組み合わさっても自動的に調和に向かう。

——質感とは何か。

それは、触覚の延長として経験から導き出される視覚情報だと考えられる。色のことでは決してない。

質感は、アクチュアリティ、つまり生きている実感と密接な関係がある。そこに本物の質感の持つ豊かさが感じられるとき、人間にとって生きるにふさわしいという「実感」につながっていく。

一般利用者が気付かなければいいというものではない。無意識下で作用しているのではないかと、設計者ならそう考えたい。手を打てるのはデザイナーしかいないのだ。

column

デザインの眼 9

# 芝生のススメ

一般に施設管理者である行政は芝生を嫌う。管理に手間が掛かるからだ。イニシャルコストにはある程度金を掛けられても、メンテナンスに予算がつかないというのが日本の公共事業の仕組みだ。メンテナンスには補助金が付かず、すべて自分たちの予算（単費）で賄わなければならないためこうなる。補助金行政の悪癖である。

しかし、芝生というのは、確かにメンテナンスとして芝刈りや雑草抜きは必要だが、逆にいえば、それさえすれば究極の舗装材といっていい。まず安価である。アスファルト舗装と比べても半額以下でできる。

そして透水性、保水性ともに完璧である。それをうたう舗装材はあるが、芝生に比べれば不完全も甚だしい。

また、クッション性がいいし清潔なので、その上で子供が駆けずり回り、転んでも容易に怪我はしない。また、どこに腰かけても衣服はさほど汚れない。布を一枚広げれば完璧である。

さらに、芝生自体もまた汚れない。その上で焼き肉を焼こうが、汚れはほとんど目立たないし、いずれ回復する。仮に相当に汚れる、または破損するといったことがあっても、部分的に芝を張り直すだけで安価に復旧できる。

また、意外な利点として、車止めがなくとも車両の進入を阻止できるということがある。明らかに乗り込めないと分かっている場所に入り込む運転者はいないからだ。

昨今、こういった芝生のメリットを生かしたモビリティ・デザインがある。LRT（Light

タイヤ駆動方式によるクレルモン・フェランのＬＲＴ

芝生軌道を抜けるパリのLRT。既存の車道を縮小して建設された

Rail Transit）だ。

ストラスブール、パリ、マルセイユなど、様々な都市で芝生軌道が導入されている。日本でも鹿児島がそれを実現した。

なぜ芝生軌道なのかというと、まず安価であること。透水性に富み汚れにくいので、ほとんどメンテナンスが不要であること（西欧の気候ではあまり雑草が生えない）。そして景観的なインパクトがあることだ。都市が生まれ変わったという手応えが、緑のカーペットによって都市景観に鮮やかに立ち現れる。

もう一つが自動車の進入防止だ。市街地で車道と共存せざるを得ないＬＲＴだが、通過車両が車体に近接することはそもそも避けたい。芝生軌道は、それを難なく実現する。

フランスの南部にクレルモン・フェランという都市があり、珍しくレール軌道ではなく、タイヤ駆動方式でＬＲＴを導入したため、芝生が使えない。

その管理当局に話を聞くと、タイヤ駆動方式は確かにイニシャルコストが軌道、車体ともに安価で、建設時には大いにメリットがあったが、メンテナンスに金が掛かり続けるのが頭痛の種なのだという。イニシャルを惜しまずに通常のレール方式で、芝生軌道にしておけばよかったと思う、とその担当者は語った。

日向市駅前広場「ひむかの杜」に見る芝生の様々な使い方。灼熱の下でも照り返しが少なく、眩しくない。しかも柔らかく清潔な床である芝生は、多様なアクティヴィティを受け止める。歩く、座る、寝転がる、そして走って転ぶ。芝生は安価なだけでなく、何よりも自然素材であり、生きて呼吸している床だというのが、いかなる舗装材をも凌駕するアドバンティージである

# 第4章

## 展開
## ―にぎわい空間のケーススタディ

## 広場から参道へ——
## 日本的なにぎわい空間、そのケーススタディ

本章は、これまで述べてきた諸理論の実践編である。自分自身の実際の設計事例に沿って、街路や水辺、広場といった具体的な事例のデザイン・プロセスとその意図を示すとともに、これまでの諸理論を総合的に見渡すことを目的としている。

と同時に、第3章で見た日本の空間文化におけるにぎわいの諸原則のうち、「❸（主景に対し）適切な大きさと形を持ったオープンスペースが配置されていること」に対する検証であり、具体例である。

デザインとは、諸条件を一つの形態に総合化する行為だ。

要求される様々な事象を翻訳化して統合する作業といってもいいが、手順でいうなら、まず最初に敷地調査から入り、次に周辺の地勢や都市の歴史、文化、さらには風俗というか土地柄、風土性、人の気質などを読み込みながら、その土地、その地域の「成り立ち」を探っていく。そこからコンセプトを導き出し、次第に設計の組み立てを構想するというのが基本的な流れだとしても、最終的な形が、そのまま演繹的に導き出されるということはまずない——自分自身の経験からいえばだが。

論理は必ず行き詰まる。そして、そこからが勝負となる。

現場でひらめく天才型の設計者には用のない話だ。自分は間違ってもそうではないので、現場に降り立った瞬間に全貌が見えるということは滅多にない。常に脳を振り絞り、手を動かしてアイディアを追い求めていく。そして大量の試行錯誤を経て、アイディアを膨大に捨て去りながら一つの形に煮詰めていく。その上でまた行き詰まる。

そして、とことん行き詰まった先に、その瞬間がやってくる。ひらめき、インスピレーション、何と呼んでもいいが、そのときは自分でも分かるものだ。

それまでが苦しい。また、行き詰まらないと

インスピレーションはやってこないというのが、因果な商売だと思う。私だけかもしれないが。

つまり、ここまで書き連ねてきた諸理論は、バックデータとして体内に保持しつつも、どの引き出しをどのタイミングで使うか、自分自身はそれをあえて決めないようにしているのだ。というか、引き出しの方から勝手に開いてくる感覚で日々やっている。

そういうことだから、現場に入れば、常にタブラ・ラサで臨み、これまでの経験・知見を一度はかなぐり捨てて全身で現場に対峙する。少なくともスタートはそうだ。このスタイルで自分はこれまでやってきたし、今後も変えるつもりはない。

だが、この「ケーススタディ」では、そういうプロセスを、ただ生々しく書くということではなく、これまでの理論を援用しながら、客観視してデザインを解説していくことを基本にしようと思う。設計意図が分かるように。

## 説明可能なデザイン

建築や造園と異なり、公共空間のデザインはすべて説明できるべきだ——と言い切るつもりはないが、少なくとも自分のデザインはそうなっている。

そもそも、複数の関係者間を調整し、合意形成されないとデザインは実現しないというのが公共事業だ。自分の経験では、相手の「聞く耳に合わせて」語ることができないとデザインが現場に落ちていかないという感覚がある。

結果として、いつの間にか自分自身には論理立てて説明できることを自ら課しているし、実際に、自分の設計はすべて説明可能である。舗石の一片においても、なぜその素材をその形で用いたのか解説できる。いつの間にか、そういうふうに鍛えられてしまった。

ただし、先にも述べたように、デザインのプロセス、その瞬間においてはすべて無心だ。無心だが、常に脳髄のどこかで論理が動いていて、最終的な判断はその辺で下されるし、その瞬間はどの段階で訪れるか分からない——そんな感じなのだ。

論理が昇華して形に至ることがデザインには必要であり、それは決して、理詰めで積み上げるだけでは得られない。どこかで「翔ぶ」瞬間が必要だ。

しかし、結果を見るときちんと論理立てて説明できる形になっている——ある程度までは。

つまり、ここが難しいところなのだが、結局のところ、パブリックスペースのデザインは、すべて論理的に語ることが可能であると同時に、どこか情緒的なニュアンスというものも大事なのだ。それは、たとえば一本の線の微妙なライン取りに集約されるニュアンスは、ミリ単位ですべて説明することはできないし、そうしても無駄なのだが、しかし、どんな意図でその線を狙ったのかは語れる方がいいということである。

## ネゴシエーションのコツ——
## あえて語らないロジックの重み

第2章や第3章で述べた「にぎわいの五原則」を、まちづくりの過程で行政や市民に解説しているかというと、自分はそんなことはしない。するわけがない。

言っても理解されるとは思えないし、また、理解してもらう必要すらないと思う。ここまで述べてきた諸理論は、かなりの部分、自分という都市設計家が実際に考え、探求している「本音」である。

その本音をすべてさらけ出すのが、まちづくりにとって必要なら自分はそうする。

しかし、「聞く耳に合わせる」ということが、ネゴシエーションにとっては重要だ。

それは、言いくるめるとか、ごまかしているのとは違う。まちづくりのプロセスでは、決して嘘は言ってはならないし、誠実さが最終的にすべての結果をつくると信じている。

ではどうするのか。

たとえば、「領域性」について。その広場は、並木や擁壁などで囲い込んでようやくにぎわいが生まれると、その現場で確信したとする。囲われた感覚が空間の内部に生じないとにぎわいは得られない――それをそのまま語っても、人はついてきてくれない。しかし、「丸見えだと落ち着かないし、何だか気が抜けてしまう気がしませんか?」と言えば伝わる。

「主景」という言葉は、自分の造語だ。これもそのままでは説明しにくい。出雲大社参道「神門通り」を設計した際も、「主景」なぞという言葉はもちろん使わない。使わなくても、「出雲大社に向かって真っすぐ力強いデザインが伸びていくようにします」とか、「出雲大社の歴史の重みにふさわしい手加工の風合いの石畳で」と言えば人は理解できるし、空間は出雲大社を志向した形で実現する。じゃあ、最初から「主景」なんぞと言わないでくれと思われるかもしれないが、それがデザイナーとしての「本音」なのだから、少なくとも本書ではそれを言わざるを得ない。また、言わない部分というのは無駄かというと決してそうではなく、どこかでその重みが、まちづくりの場を支えてくれていると信じている。

矛盾しているようだが、そこが都市設計の面白さであり、深さだと思うのだ。

そんな「デザインの現場」の雰囲気が、次のケーススタディで少しでも伝わればと願う。

Case Study

01

# 門司港駅前広場　福岡県北九州市門司区

## 西欧広場を骨格に、海へ開かれた日本型プラザ

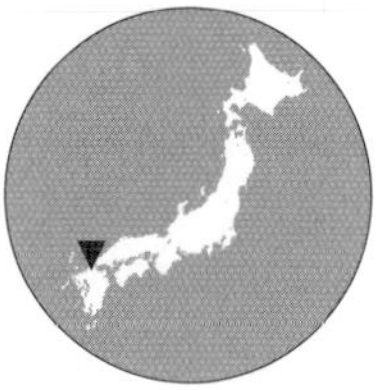

曲がりなりにもプロフェッショナルな設計家の端くれとなって最初に手掛けたのがこの門司港駅前広場だ。

　この広場については、既に『都市の水辺をデザインする―グラウンドスケープデザイン群団奮闘記』（彰国社）でかなり書いたので、同じことは繰り返さない。ここでは、第3章で見た、にぎわいの諸原則に照らし合わせて自ら解析してみる。

門司港レトロ地区全景。船溜まり周辺はすべて歩行者空間でつながっている

### 西欧広場的な骨格を持つ空間として

　門司港は、明治から戦前にかけて大陸貿易の拠点として隆盛し、近代化という名の西洋化が国を挙げて推し進められていた時代の先鋒を担っていた歴史的港湾都市である。一九一四（大正三）年にネオ・ルネサンス様式で建築された門司港駅は、九州旅客鉄道（現在のJR九州）の起点駅で、その後、現役の駅として初めて国指定の重要文化財となった。

　その駅前広場なら、西欧型の広場をある程度直訳的につくってもいいと思えた。

　自分でいうのもなんだが、これをデザインしたのはまだ二十代で、むやみに鼻っ柱の強い「若造」だったと思う。ただし、デザインにだけは真摯で、西欧広場のようなにぎわい空間を日本の都市に創ることができるという喜びとは裏腹に、失敗は許されないという責務が息苦しかったその感覚は、今でも思い起こせる。

　当時は、もちろんカミロ・ジッテは読んでいたが、にぎわいの原則だの何だのというところまでの意識には至っていない。自分としては、かなり西欧広場的な雰囲気を意識してデザインしたが、それでも「そのまま」つくるわけにはいかないことも承知していた。

### 門司港駅前広場のデザイン

**❶主景が存在すること**

　これについては、いうまでもなく門司港駅がそれだ。しかし、

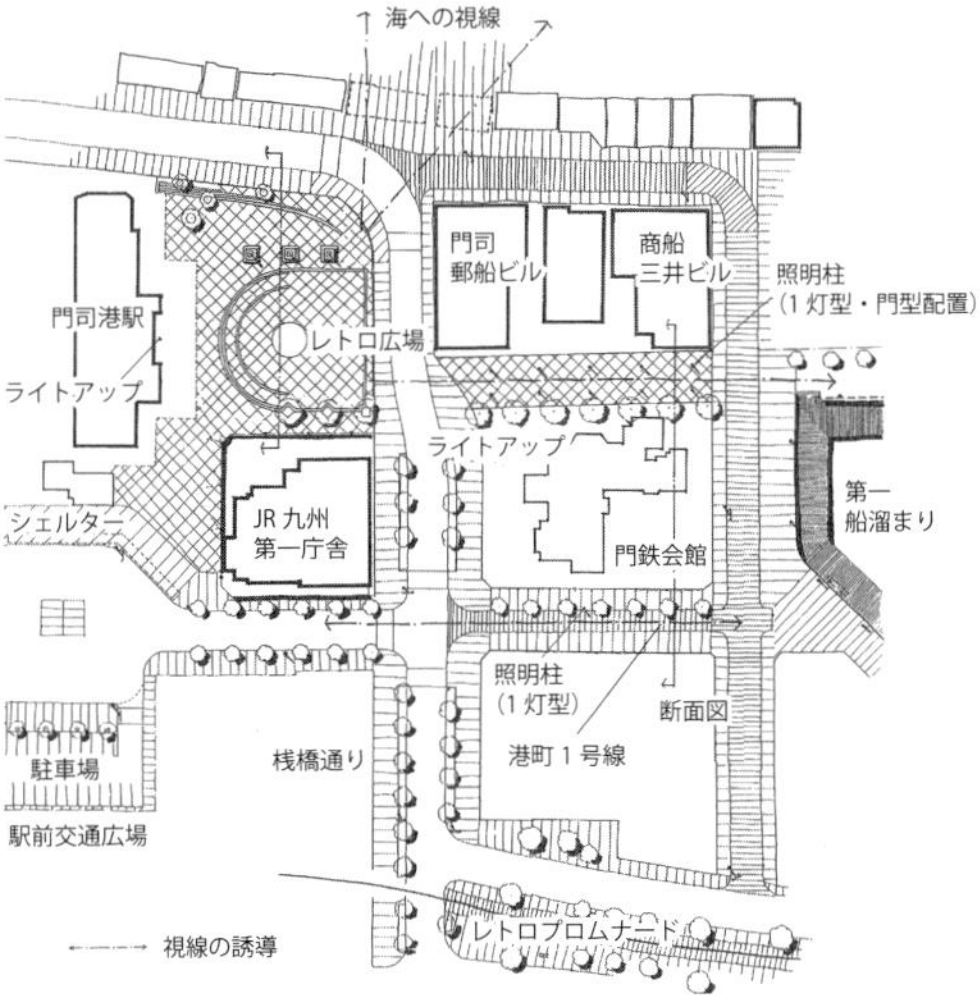


門司港駅前広場基本計画図

やはり関門海峡という「海」が、もう一つの主景であると意識していたことは大きかったと思う。その辺が日本人的な感覚なのかもしれない。

広場は、駅舎を背景にオープンスペースを取りつつ、一方で関門海峡とその奥の関門大橋の方向には空間を開き、風景として生け捕りにしている。

具体的にいうと、広場をぐるりと並木で囲いつつも、均質に全部を閉じず、海が見える方向には開き、照明列柱を三本立てて駅舎の軸線を強調するとともに、その柱を四十五度傾けて海と空間を関係付けた。

そのためには、海側に建ち並んでいた民地の建物を二棟、北九州市に移転してもらう必要があった。

それまでは駅を出ても、海側に屏風のように建物が建ち並んで、至近に海が迫っていることがまるで分からなかった。この移転は、港町の風情を演出するに不可欠のものだったが、それにしても市はよく決断してくれたと思う。むろん、この若造の意見を取り入れたのではなく、業務委託した設計事務所の提言を聞き入れたということだが。

移転が完了するまで十年を要したし、駅前広場がその「完成形」になったとき、自分は既に独立していたが、用もないのにわざわざ見に行った。感慨無量だった。

門司港駅を降りてすぐに海が視界に飛び込んでくるという、港町として当たり前のような風景は、完全に人為のものなのだ。

### ❷領域性の優れた空間であること

これが問題であった。日本で「広場」をつくろうとすると、大概こうなるのだが、外周のどこかに車道が廻り込んできてしまって、囲われ感が形成しにくい。そのままではどんなににぎわいを生んでも気が抜けてしまう。

そこで先にも述べた通り、一

部を照明列柱としつつも、広場の外周に並木を並べて空間を囲い込んだ。さらに細長い三角形の煉瓦擁壁も組み込んだ。これは、車道とのレベル差の解消と噴水の機械室を兼ねているのだが、領域性の形成にも一役買っている。

❸（主景に対し）適切な大きさと形を持ったオープンスペースが配置されていること

北九州市は、駅舎の横に交通ロータリーを移設し、正面に広場空間を確保した。日本の駅前広場がほとんど交通ロータリーであることを考えると、これは極めて稀有なケースだ。その時点で、門司港駅前広場は日本のどこにもない形になった。この駅前広場は、まずプランニングの勝利なのである。勝利者は、この構成を事業化した当時の北九州市経済局だ。

自分は与えられた敷地にシンメトリカルな噴水広場を造形しただけ――ということもないが、それくらいこの配置計画は、都市計画の手続き上、なかなかできにくい形なのである。

❹不規則な形態であること

広場は駅舎中心軸を基準にしたが、敷地は海側にやや広がっていた。そこを溜まり空間としてデザインし、煉瓦擁壁にベンチを組み込んだ。

❺奥性を持った構成であること

これについては、当時まだ意識が及んでいない。最終的に海への視界を開いたことで、空間的な奥行きは与えられたと思う

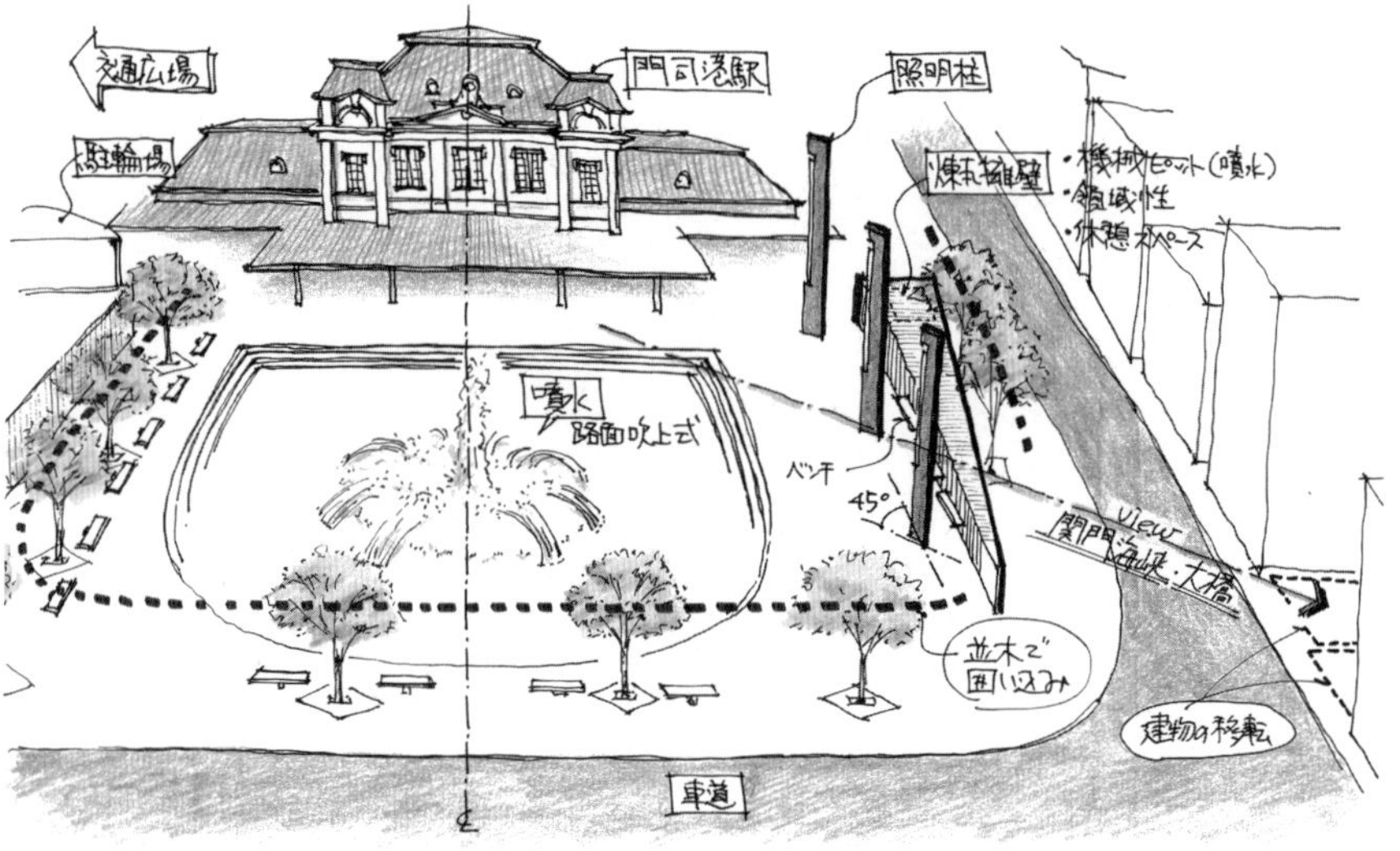


門司港駅前広場構成図

が、どうだろうか。

門司港は、まちづくりとして「港町」というアイデンティティを明確に視覚化することをコンセプトにしていた。それはつまり、まち全体を「ウォーターフロント空間」として海へと方向づけることでもあった。

まず船溜まり周辺から通過車両を追い出し、回遊性を持った歩行者空間とする。そのために港口に跳開橋も設置した。

また、周辺街区では、海に延びる街路はヴィスタとして整え、外周道路を拡幅して通過動線を誘導するということもしている。その辺のことは『都市の水辺をデザインする』に書いたので、ご興味があれば読んでいただきたい。

船溜まり周辺のウォーターフロント・エリアは、歩行者主体の空間になった。車を気にせず水辺をめぐることが可能で、大道芸人が出るなどイベント利用が実現している

船溜まりに架橋された跳ね橋。水際部の歩行者ネットワークを完成させ、また市街から海側を見たときのアクセントとしてデザインされた

駅舎前に噴き上がる噴水には水盤がない。噴水を落とすとイベント広場になる。この形は当時は斬新だった

駅前広場。海側の建物が2棟移転された結果、駅前広場から関門大橋と海が視界に飛び込んでくる形になった。移転には10年を要した

Case Study

02

# 日向市駅前広場「ひむかの杜」

宮崎県日向市

## 「結界」がやさしく芝生広場を包み込む、日本型スクウェア

日向市駅前整備プロジェクトの顚末は、『GS群団総力戦 新・日向市駅　関係者が熱く語るプロジェクトの全貌』（彰国社）に詳しく書いた。その本ではまだ広場の完成には至ってはいなかったが、デザイン的な組み立てについてはかなり述べたので、門司港同様、ここで改めて繰り返すことはしない。

　概略だけ述べておくと、このプロジェクトは、多額の税収が見込める大企業も持たず、中心市街地に商業的な求心力もない、人口三万（現在は合併して六万）の小さなまちが打ち出した起死回生の大事業である。

　連続立体交差事業によって鉄道をすべて高架化し、駅舎も一新する。その周囲も一度更地にして、区画整理事業によって街区からつくり直す。そうすることで、中心市街地の中核となる場所を、新駅の中心に新たに創り出すという構想なのだ。

　すべては、疲弊した中心市街地を、新たな駅前空間から再生しようとする意気込みからくる。それは実に熱いものがあった。プロジェクトの推進者である黒木正一（当時日向市役所の課長、その後部長）は、行政マンでありながら、思想性豊かな人物で、宮崎県にも信奉者がいたほどだが、彼の情熱から薫陶を受けた日向市職員は数多く、今でもその熱は冷めやらない。何しろ黒木さんは、定年後商工会に移籍して、今でもまちづくりを見守り続けているのだから。

　――いかん、この話をすると長くなりそうだ。ここではデザインの話に集中する。

日向市駅西口がまちの表玄関であり、駅周辺地区の空間的な焦点が、緑地広場とでもいうべきオープンスペース「ひむかの杜」である。

　まずは、この空間の解析を、前章で整理したにぎわいの五原則に照らし合わせてみる。

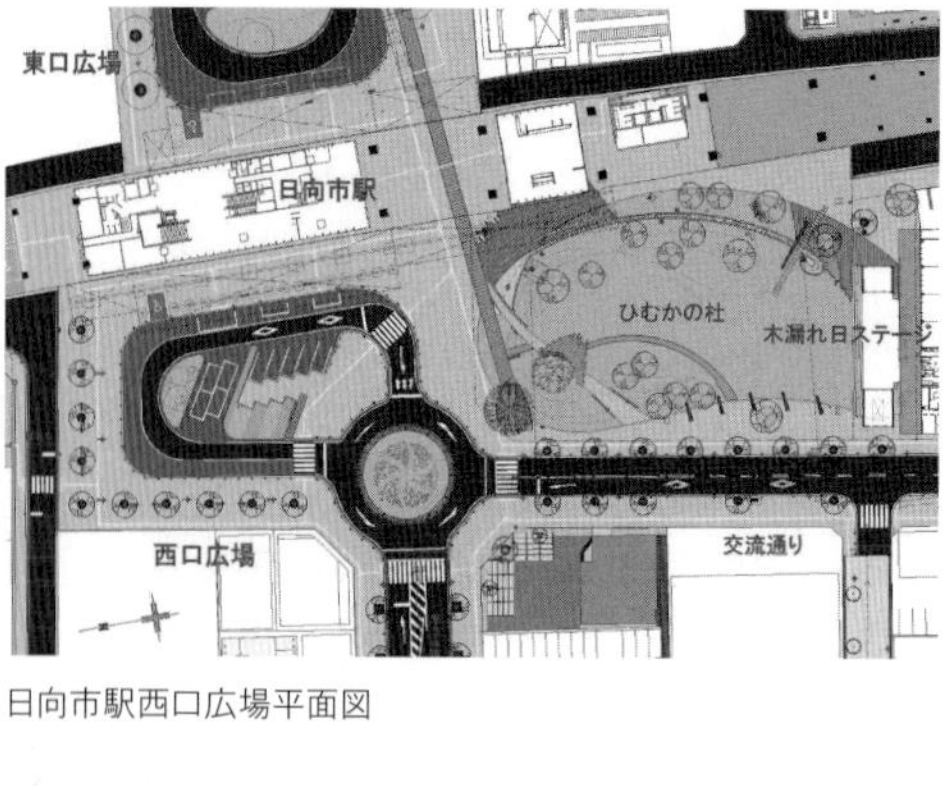


日向市駅西口広場平面図

駅前広場全景。駅舎の前に交通広場が位置する。芝生緑地の「交流広場」は、駅舎の正面にはない。そのため、デザインで関係付ける必要があった

交流広場のもう1つの主景は、駅舎と反対側に立つ「木もれ日ステージ」だ。駅舎同様、内藤廣建築設計事務所のデザイン。木造架構から光が降り注ぐ明るい建築である

日向市駅前の交流広場は、常に駅舎に方向付けられている。駅舎入口への短いパスによって、駅前広場を駅舎に関連付けた。せせらぎも、駅舎から流れてくるように見せている

## 「ひむかの杜」のデザイン

❶主景が存在すること

区画整理によって駅前に集められた公共用地は、ロータリーを持つ交通広場の横に「交流広場」として確保された。交流広場は、「ひむかの杜」とその奥のイベントステージ「木もれ日ステージ」からなる。このステージは、駅舎と同じ内藤廣の設計だ。ひむかの杜は、駅とステージ、この二つの焦点（主景）に挟まれている。

　ファサードが立ち上がる建築物が主景というのは、にぎわい空間の造形には実に好ましい形である。舞台空間的に演出しやすい。しかも、内藤さんの設計は実に骨太で、存在感に全く不足はない。むしろコーディネータの篠原修教授からは、「なまじの広場デザインじゃ、駅に負けるぞ」と忠告を受けたほどだ。

　難しかったのは、駅舎のファサードが交流広場でなく、交通広場を向いていたことだ。

　敷地にそのままオープンスペースを置いただけでは、駅舎とつながらない。駅の改札を抜けて正面に出れば交流広場が視界に飛び込んでくるという状況を頼りに、広場空間の側でまちへと続く短いパスを設け、何とか空間を接続させて正面性を確保した。

❷領域性の優れた空間であること

❸（主景に対し）適切な大きさと形を持ったオープンスペースを配置すること

　これらは同時に考えた。

　駅と「木もれ日ステージ」に開いて、あとは空間的に閉じた

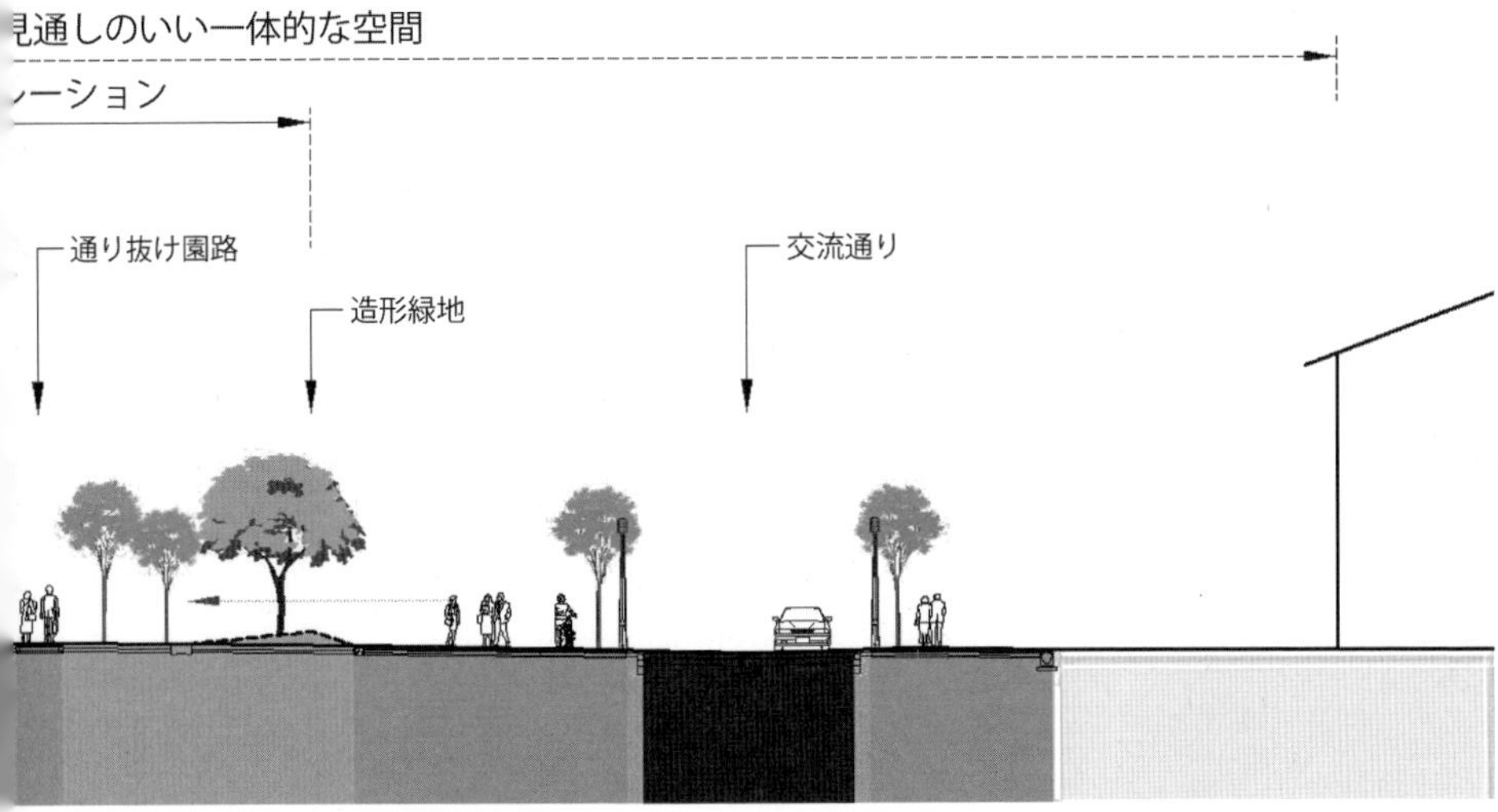

い。そうして、にぎわいを囲い込みたかった。問題はどうやって囲い込むか。何せ、片側は「交流通り」という街路が走る。区画整理の沿道建物も、申し訳ないが素材感に乏しく、街並みの連続性も弱い。

また、領域性を確保したい一方で、やはりまちにも開きたい、というか背を向けたくはない。

そこで考えたのが、「結界」である。イマジナリーな要素で、心象的に囲い込み、視界はある程度開いたままにする。

その前に、まず主要部だが、これをシンプルな芝生広場とした。一つにはイベントスペースとして使いやすいようにだが、できるだけ「まちの中心」が意識できる中心性を、しかもやさしい風情で与えたかったのだ。

その平面形状は、有機的な曲線形状でデザインした。そうすることで、道空間が緑地形状に応じて伸縮する。これは、歩行者を自然と緑地内に引き込む操作だ。同時に、柔らかいラインが空間にやさしげな、つまりは友好的な表情が出る。また、そう感じさせるように何度も線形はスタディした。

その上で、「結界」を張った。玉ねぎの皮のように、薄い境界域を多層で構成することによって、「空間的には閉じつつ、まちには開く」という、ニュアンスある領域性を形成する意図だ。

最初の結界は、軌道高架と交流通りの並木だ。次には、住民の意見で実現した噴水から引き出したせせらぎ、これを高架沿いに走らせ、広場を囲い込んだ。

その内側で、芝生広場の外周部にも、エッジの立った造形緑

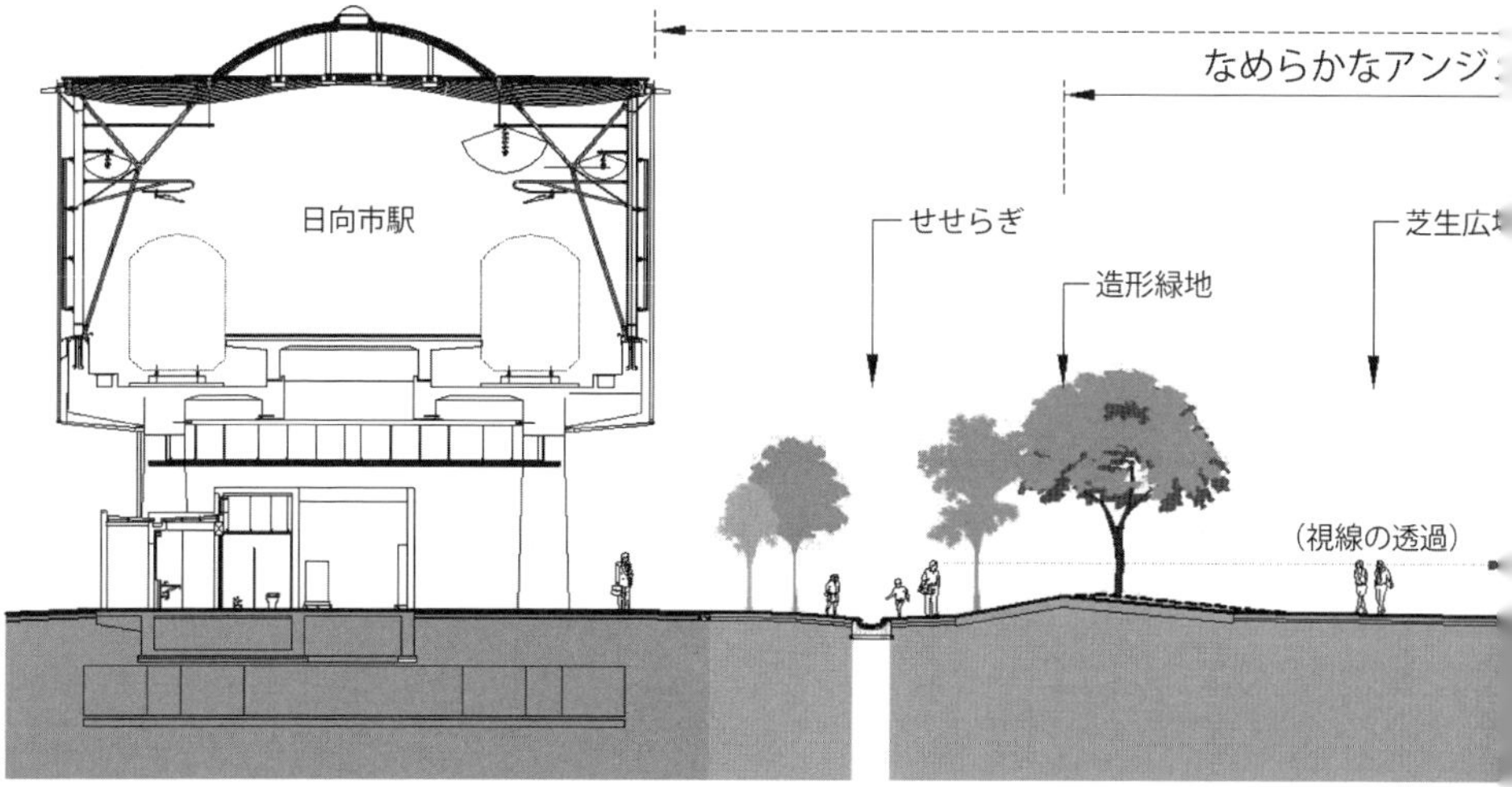


日向市駅前広場断面図。芝生広場は、視線を通しながら、並木や緩い盛土、せせらぎなど、様々な「結界」で包まれている

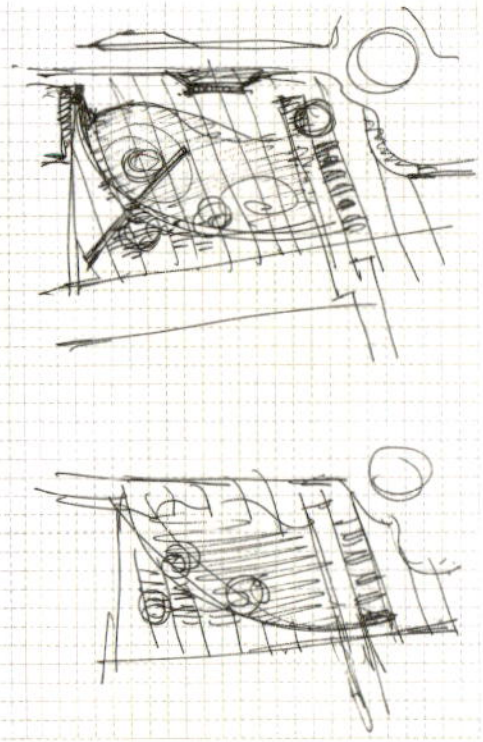

**2** 初期イメージをもとに次第に有機的な形に検討を進める

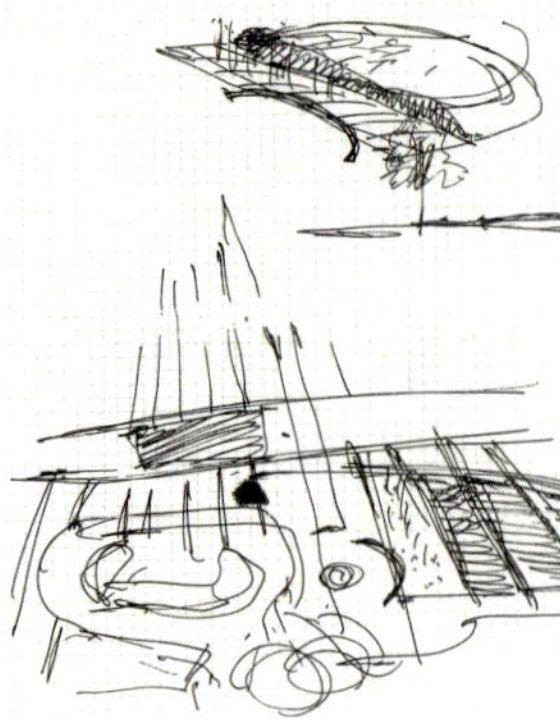

**1** 交流広場のデザインの初期イメージ。楕円形を基本とする幾何学で検討を始めた

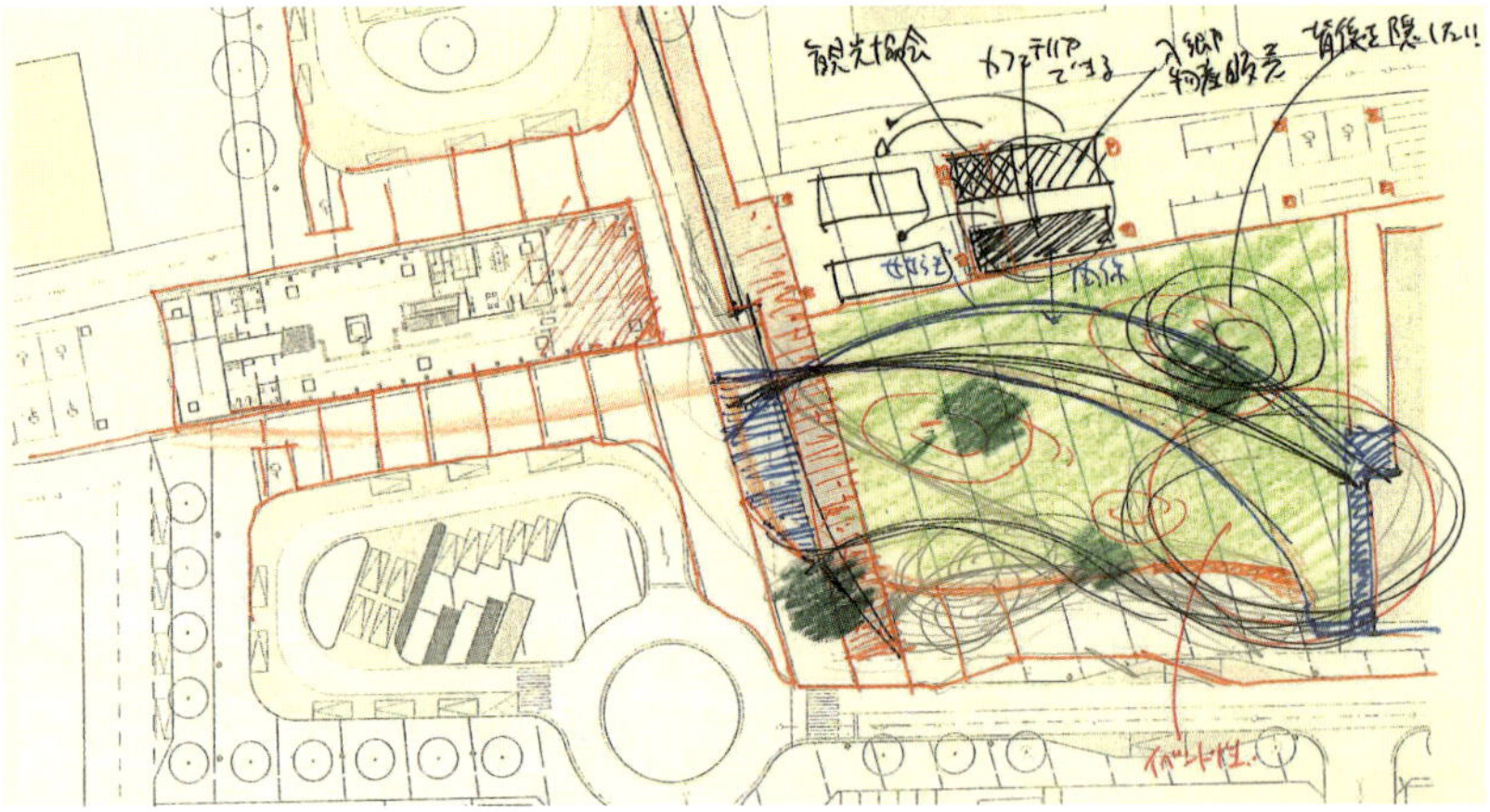


**3** 駅舎前に噴水を設け、起伏のある緑地を囲い込むように、せせらぎとなって外周を流れるイメージを検討

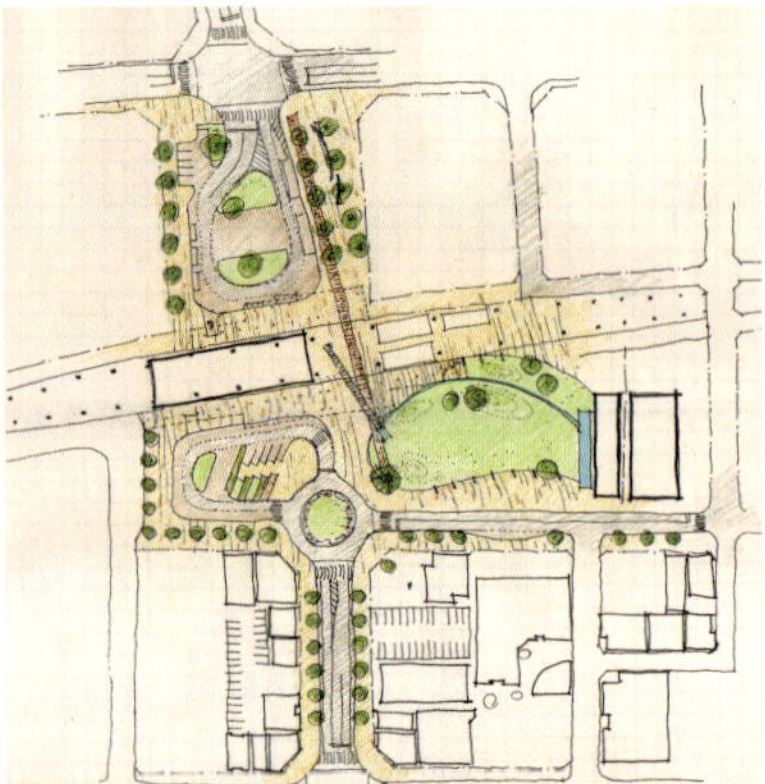

**4** 中間に取りまとめられたイメージ図。駅舎と緑地を何とかつなごうという意図で短い舗装パターンが入っている

**5** 中間案をもとに、駅舎と緑地広場、市街へと続く動線をデザイン化しようと検討が重ねられたが、なかなか決まらない

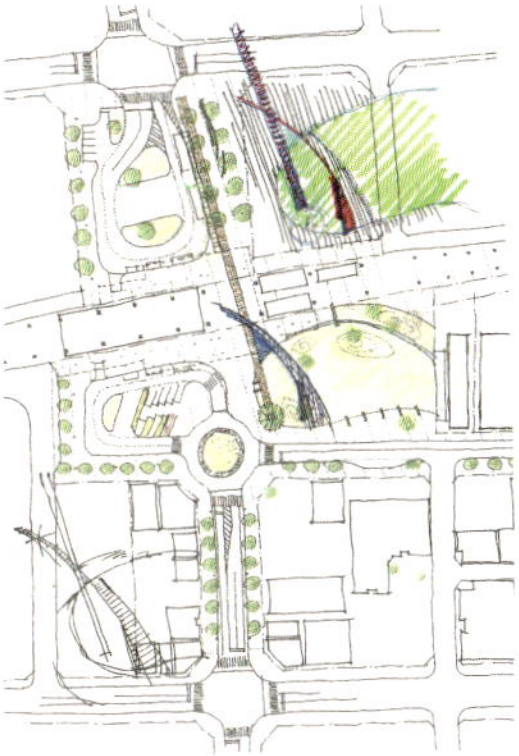

**6** 駅舎エントランスから延びる動線が、ポジからネガへ反転し始める

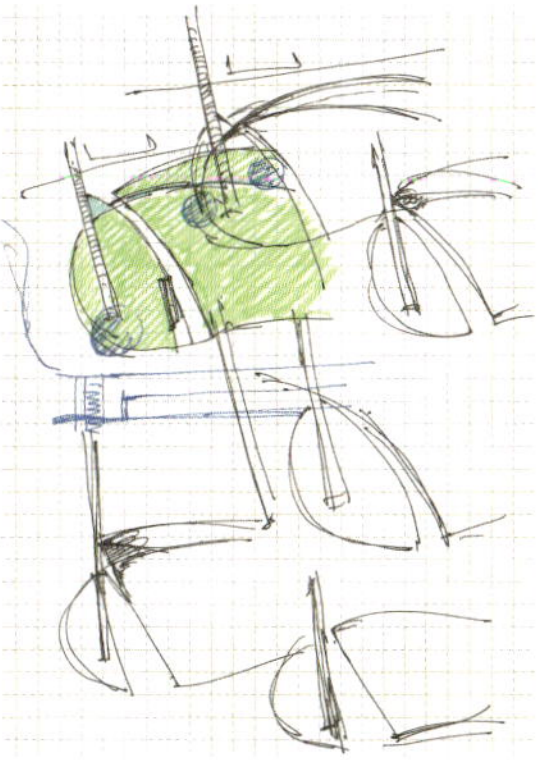

**7** エントランスからのパスはネガで決まったものの、最終形はなかなか見えなかった

**8** 突然、すべてのディテールが整い始めた。最終形が見えてきた瞬間

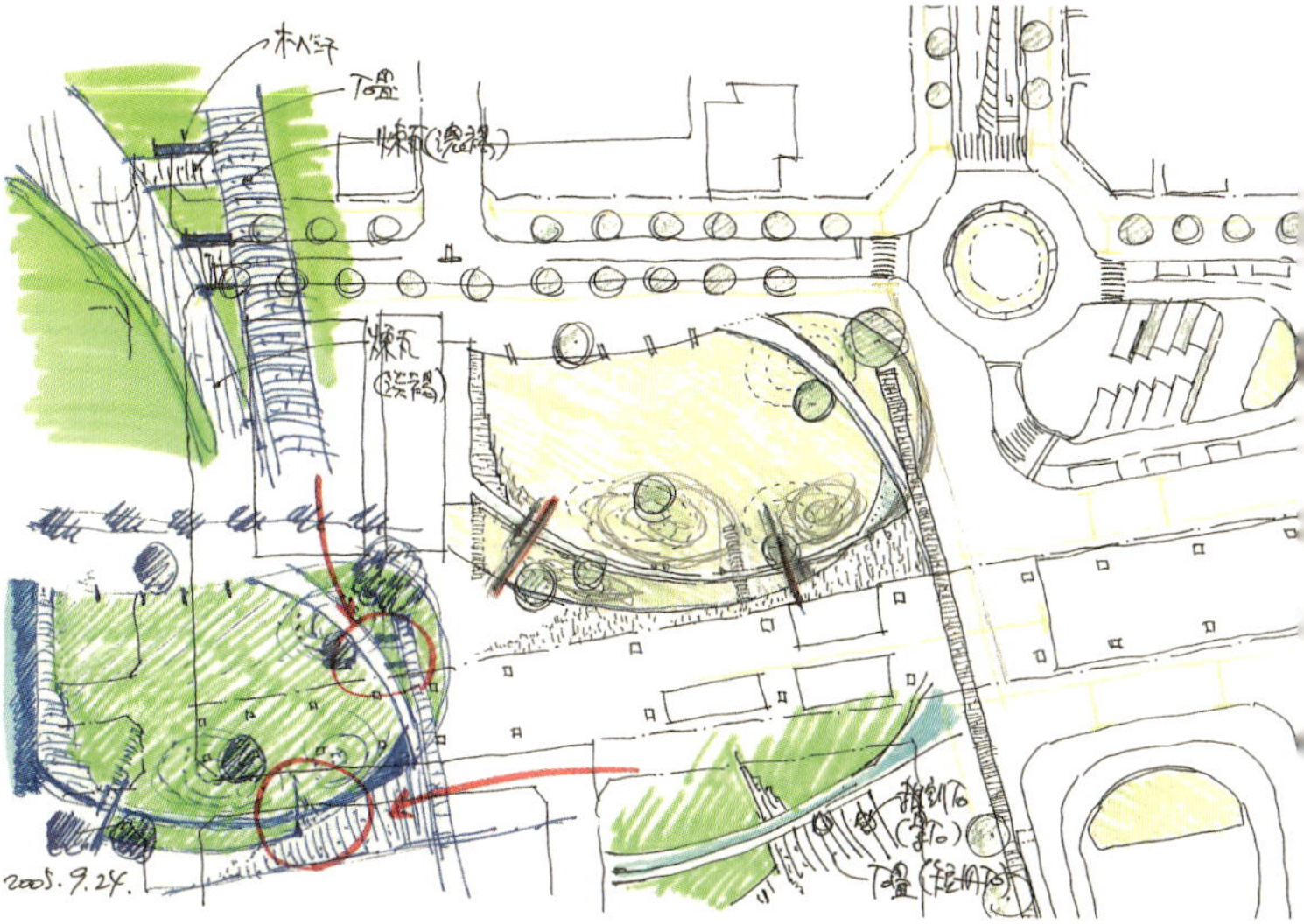

施工後の日向市駅。軌道はすべて高架化し、駅舎も全覆い型の大架構で一新され、駅前広場も整備された。区画整理によって駅舎前に公共空間が集められ、駅前地区の拠点となる緑地広場ができた

施工前の日向市駅

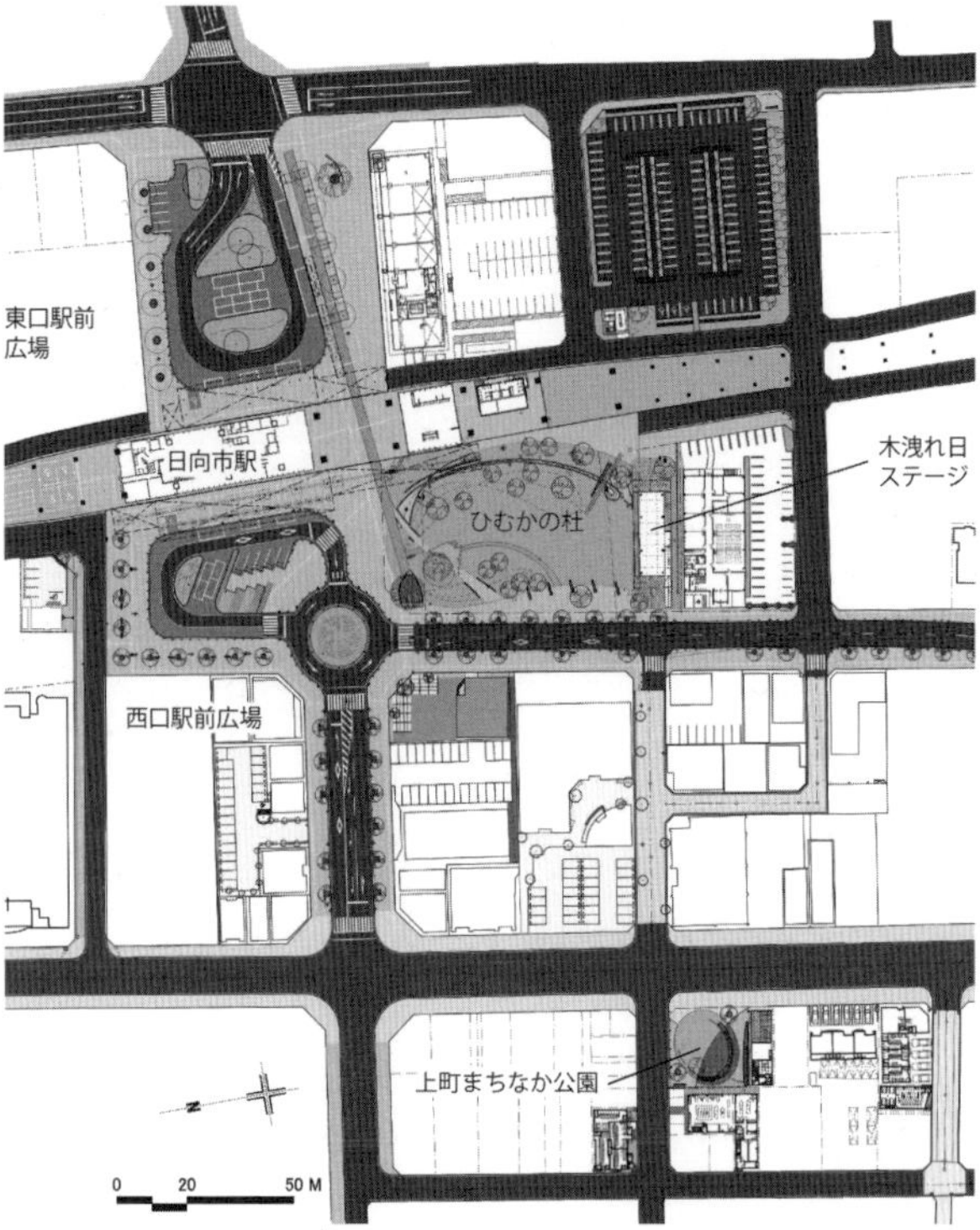


日向市駅
駅前広場および周辺計画図

地を巡らせた。造形緑地の高さは最大でも八〇〇㎜程度であり、空間をやさしく包み込みながら、視線はまちへと開く。この造形緑地に、さらに点景として木立や景石、ベンチを添え、結界を補強した。

　平坦な芝生広場は、そのままでは砂漠同様にアクティヴィティを誘発しない単なる空き地である。だが、そこにわずかに起伏があれば「場」が生まれる。中央部を平坦にしつつ、周囲に起伏の襞を整えることで、「見る─見られる」関係性が整い、野外劇場的な空間構成が与えられる。周囲を眺めながら腰をおろして、食事ができるほどくつろげる場所をさりげなく用意した形だ。この起伏に木立を添えるとさらに効果的である。コラム「デザインの眼2 人間のためのベンチ」に示した「眺望─隠れ場」構成になるのだ。

　緑地のエッジを立てたのは、一つには造形的な面白さだが、機能的には表裏を持たせることで、利用に幅が出るということが大きい。まず、小規模なイベントの際は、内側の斜面に人は座る。規模が大きくなると人は押し出され、今度は外側斜面が休息スペースとなる。また、表裏があるから、至近距離で見知らぬ者同士が共存できる。

　そう想定してデザインしたものの、イベント時に実際にそういう使われ方をしているのを見ると、安堵すると同時に、設計者冥利に尽きる嬉しさがあった。

　こうしてできた内部空間は、曲線的な造形と相まって、柔らかくやさしく包まれながら、完全にまちと切れず、視線はよく抜け、そして、その結界そのものが溜まり空間となり、広場全体に共有性のある社交性が現れる形となった。

　利用者がそのことを意識するとは思っていない。むしろ気付いてほしくないし、無意識下で効いてくるように組み立てたつもりだ。自由度のあるデザインだからこそ人は、自然と自らの意思で使いこなすようになる。そこが重要だ。パブリックスペースのデザインでは、そんな選択肢をさりげなく現場に用意することが基本なのだ。

❹不整形な敷地であるというのは見ての通りであり、最後は、❺奥性を持った構成であることだが──。

　日向市駅前広場は、主景である駅舎と「木もれ日ステージ」がダイレクトに空間に立ち上がる。そういう意味では、奥性を持った「みちゆき空間」というより、西欧広場の空間構成に近い。さらにいえば、芝生緑地を主体にしたことで、イギリスの「スクウェア」的な風情が出た。

　この広場は、西欧広場にほぼ近い空間構成ながら、まちとの関係性の中で「結界」を使うなど、いわば文化的ハイブリッドといったものなのである。

## 素材に込められた時間

　デザインと素材は不可分である。また、素材はそれ自体でコンセプトを反映するといっていい。少なくとも、地域に新たな歴史基盤を形成するためには、素材は、コンセプトに重要な役割を果たすものなのだ。

　石、煉瓦、鉄、ガラス、コンク

リート、水、緑……自然の質感豊かなマテリアルが、素材の性質を生かしながら素材色そのままに風景を組み上げることの豊潤さは、何にもまして代えがたい。

日向市にとって、文字通り世紀のプロジェクトといっていいこの駅前空間において、コストパフォーマンスは十分に考慮しつつ、自然素材を質感豊かにどこまで使いこなすかが重要だった。

歩道部の主要素材は煉瓦とした。いわゆる普通の赤煉瓦ではなく、「大地の質感そのままに焼きしめたような」温かみのある風合いと色彩と重厚な質感を併せ持つ煉瓦を特注で製作した。これに縁石や車道舗装のディテールとして御影石を組み合わせた。淡色の煉瓦と自然石。親しみやすさと品位を両立させる素材表現である。

嬉しいことに、ひむかの杜では、日向商工会議所の会頭が自らの資産を無償で供出してくれた。手加工の大判の自然石や景石、様々な樹木……。交流広場の高木はほとんど会頭宅のものであり、他にも寄贈されたジャカランダがあるなど、購入木は一本もない。

駅周辺開発の土地区画整理事業によって会頭宅は移転を余儀なくされた。長年育ててきた庭木を無為に捨てるのは忍びないし、かといってすべてを新築に持っていくわけにはいかない。そこからきた寄贈だったが、これはおびただしく重ねられた、まちづくりの議論の賜物でもある。

実際、それらの素材は広場の質感を飛躍的に引き上げた。高木といっても、普通の現場ではせいぜい四〜五m程度の若木が運び込まれるところだが、この現場には、いきなり成木ばかりが入った。敷石も同様で、古色ある手加工の風合いは、普通なら高価すぎて公共事業には使えない。しかもこれらはすべて、何十年も前から日向に、しかも広場のすぐそばにあり続けたものたちなのである。

この広場は最初から、人々の想いと歴史、時間を織り込んだものになったのだ。

## 十一　街区ポケットパーク「上町まちなか公園」のデザイン・プロセス

整備して終わりというまちづくりは多い。しかし、この日向市は、中心市街地活性化を実現させるという最終目標が明確でぶれずに一貫している。そんな

商工会議所の会頭宅から支給された石材の再利用。もともと塀に使われていたものだったが、ざっくりとしたその質感を生かして、保存されたサクラの下に敷き詰めた

せせらぎも、単なる装置ではなく、結界的な領域性の形成に一役買っている

広い芝生広場を中心に、様々な溜まり空間がちりばめられた「ひむかの杜」。中心部を芝生のオープンスペースとしつつ、外周部に起伏を与え、木陰を配した。さりげなく休憩スペースが配置され、また、それ自体が内部空間に領域性を形成するようレベル設定されている

噴水は井戸水の掛け流しで、メンテナンスコストを最小限に抑えた。住民ワークショップで採用された井戸ポンプは子供たちに人気だ

駅舎キャノピー下は石畳とし、建築と広場の境界領域、いわば縁側空間のような役割を与えた

姿勢が、このポケットパークのデザイン・プロセスによく表れている。

その十一街区には、交差点に向けて街角広場を整備すべく、当初より日向市用地が確保されていた。しかし、駅前の整備が進行しても、この広場の設計は一向に発注されない。設計業務の発注は、この街区に建て替えの動きが出るまで辛抱強く待たれていたのだ。

この広場敷地に隣接する二軒の建物の建て替え計画が進められ始めたタイミングに合わせて、日向市は、業務発注と同時に住民参加のワークショップを立ち上げた。民地の建て替え計画とポケットパークのデザインを調整して、互いにメリットのある、にぎわい空間を実現しようと図ったのである。それぞれのオーナーの他、周辺住民も含めてワークショップは開催された。

まず、敷地南側は時計店だった。広場側にはプライベートな住居部分を設定しているので、広場から見えないようにスクリーンなどで隠してほしいと要望された。

一方、西側敷地は宝石店であり、そのオーナーは、開口部を広場側に確保したいという。さらには、自らの建物も少しセットバックして広場と一体利用できることを望んだ。

それぞれの要求を受け、まずラフ案を三案ほど提示した。スクウェア（四角）案、リニア（線状）案、オーバル（楕円）案は、すべて同じコンセプトで形態がまるで違うものだ。敷地条件は同じでも形はいくらでも考えられる。まずは三案に整理したのだが、その結果、オーバル案に意見が集中した。最もインパクトがあるからだという商業者的感覚からくるものだったのだが、むろん当方に異論はない。最初からダミー案なぞつくっていないからだ。

このオーバル案を基本にデザインを整え直し、再度ワークショップに提示した。芝生と煉瓦を組み合わせた楕円形が、敷地の勾配とは逆に、交差点に向けてわずかに起き上がる形になったデザインだ。立ち上がった煉瓦面が、イベント時にはそのままステージになり、日常ではそのエッジがベンチ代わりになるというものだった。

この案をもとに様々な意見が出された。特に重要だったのは二つの意見で、一つは、楕円の煉瓦面に直接座るのではなく、できれば木製座板にしてほしい、しかもフラットで、という意見。もう一つは、西側の宝石店側が広場の裏面のように見えているのが気に食わないというものだ。交差点側を正面に据える意図でデザインした結果だったが、これは否定できなかった。何とかしなくてはならない。

これらの意見を受けての再検討はなかなかの難問だったが、その第三案はかなり洗練されたという手応えがあった。

より詳細な図面と模型を持ってワークショップに臨み、結果としてこの案は受け入れられた。最終的には、ほぼそのままの形で実現した。

ワークショップがいったん閉じた後で、施工が始まるころ、西側の宝石店オーナーより、セットバックした自分の敷地を、広場と同素材の煉瓦で舗装したいという申し出があった。そうすれば街角広場がお店の前庭のような風情になりますよ、という進言を受けてくれたのだ。むろん施工は自費である。出来上がった空間を見て、オーナーはずいぶんと喜んでくれた。「自分ちが広がったみたいだ」と言って。

完成後、この広場は様々なイベントに使われている。あるとき訪れると、宝石店オーナーが自ら草むしりをしてくれているではないか。そこまで愛着を持ってくれるまちづくりというのは望外の喜びだが、日向市のまちづくり戦略は、こういうことを狙ったものではない。日向ならではの情緒的な戦略、まちへの思いの成果なのだ。

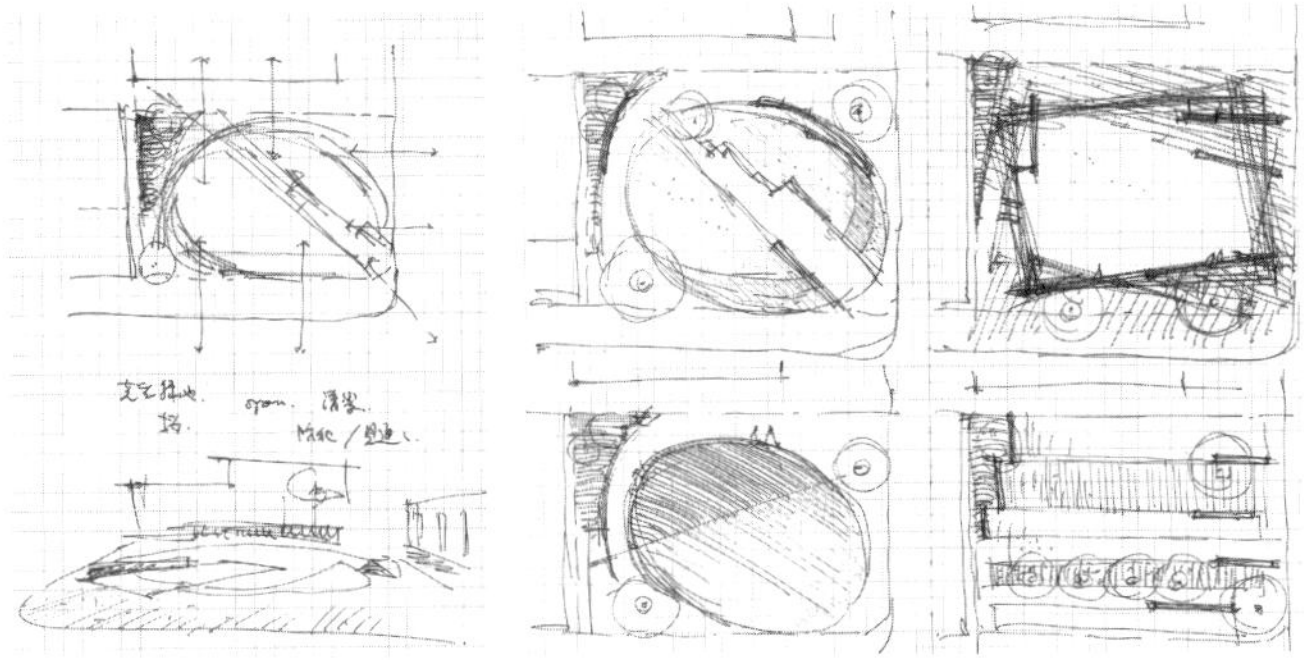

**1** 初期案は、敷地条件や隣接する店舗のオーナーの意向に合わせてスタディし、数案をワークショップに出すことにした

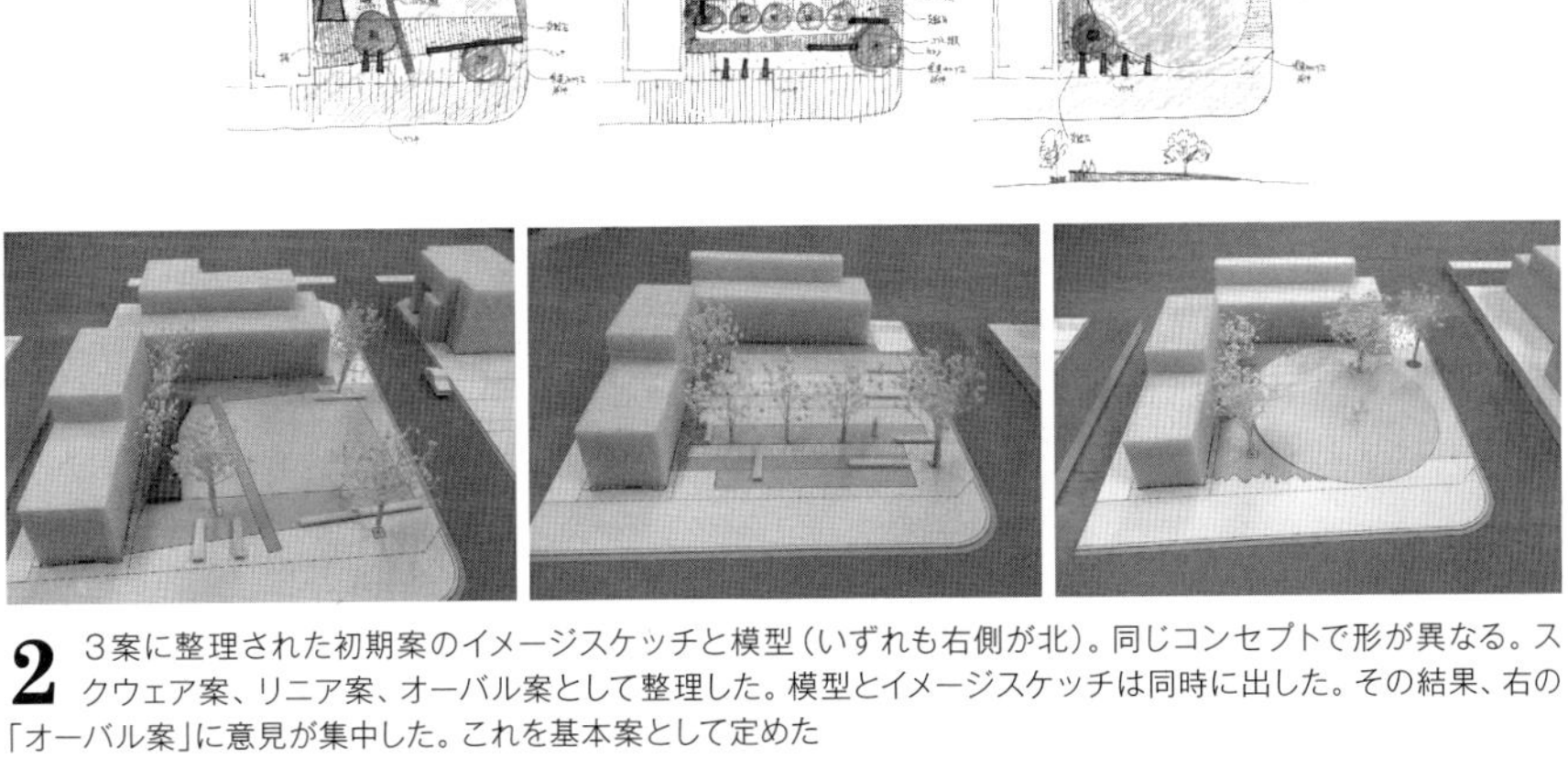

**2** 3案に整理された初期案のイメージスケッチと模型（いずれも右側が北）。同じコンセプトで形が異なる。スクウェア案、リニア案、オーバル案として整理した。模型とイメージスケッチは同時に出した。その結果、右の「オーバル案」に意見が集中した。これを基本案として定めた

11街区　街角広場　PLAN　S=1：100

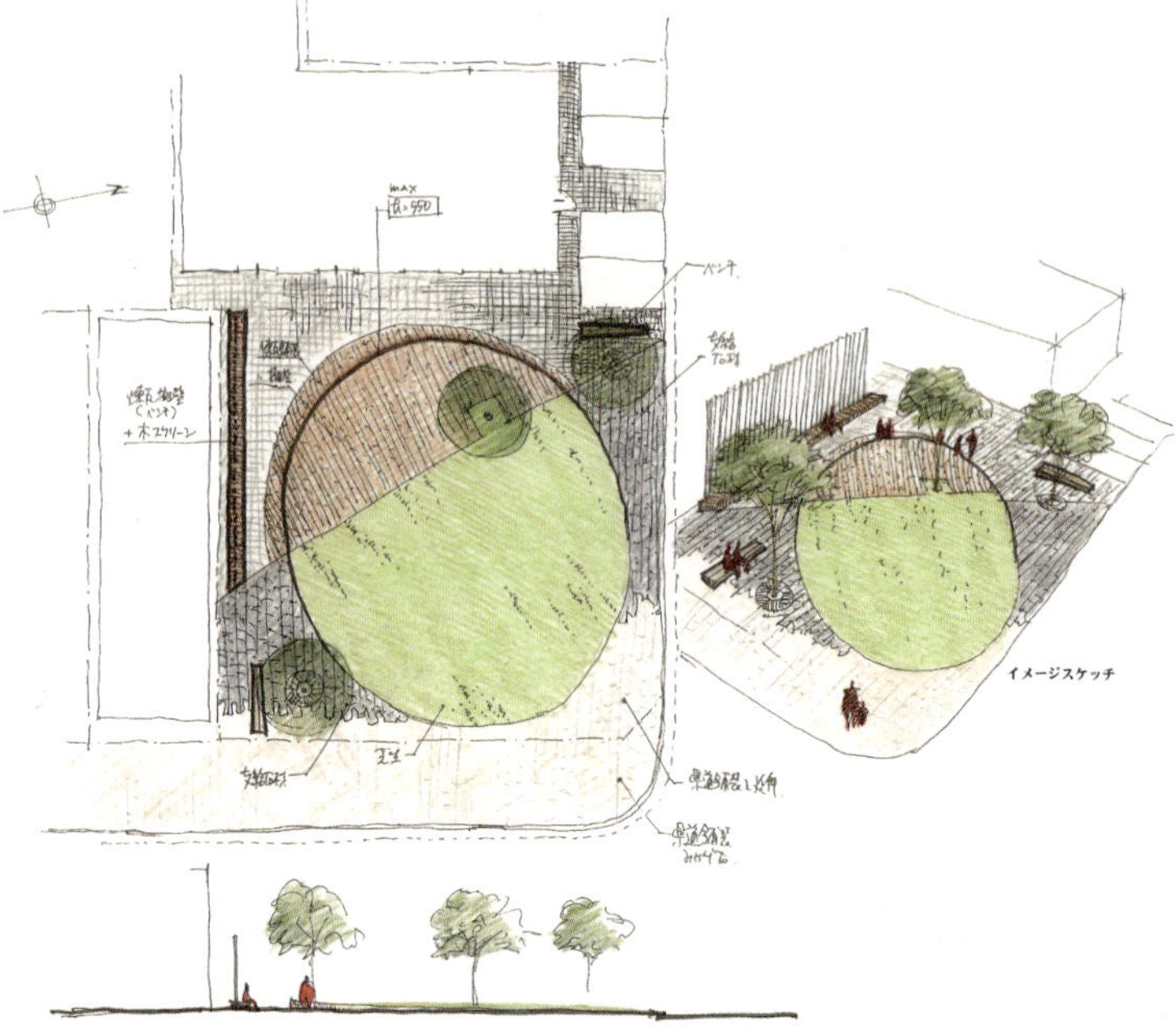

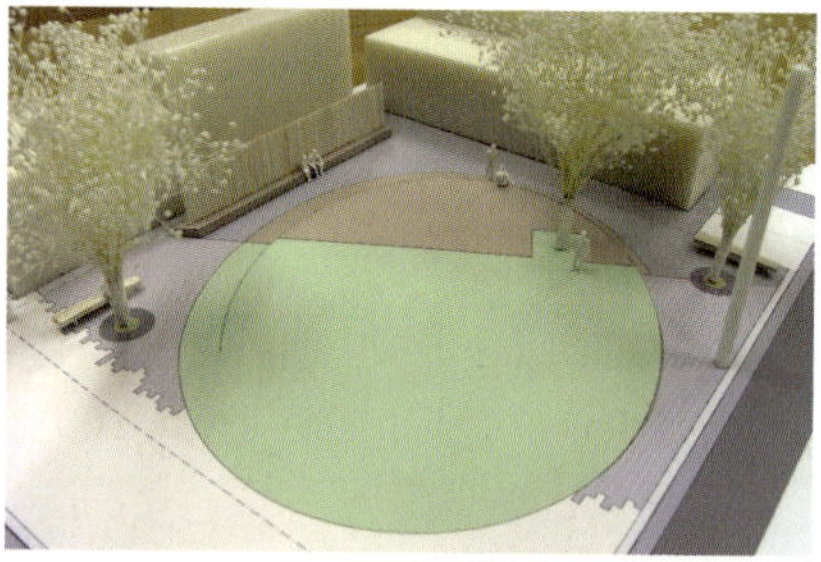

**3** 第2案スケッチと模型。前回のオーバル案を再整理したものだ。ワークショップでは、座る所が煉瓦でかつ傾斜していることに異論が出た。また、西側敷地のオーナーの「俺んちが裏側みたいだ」という意見も重要だった。これは解決しなければならない

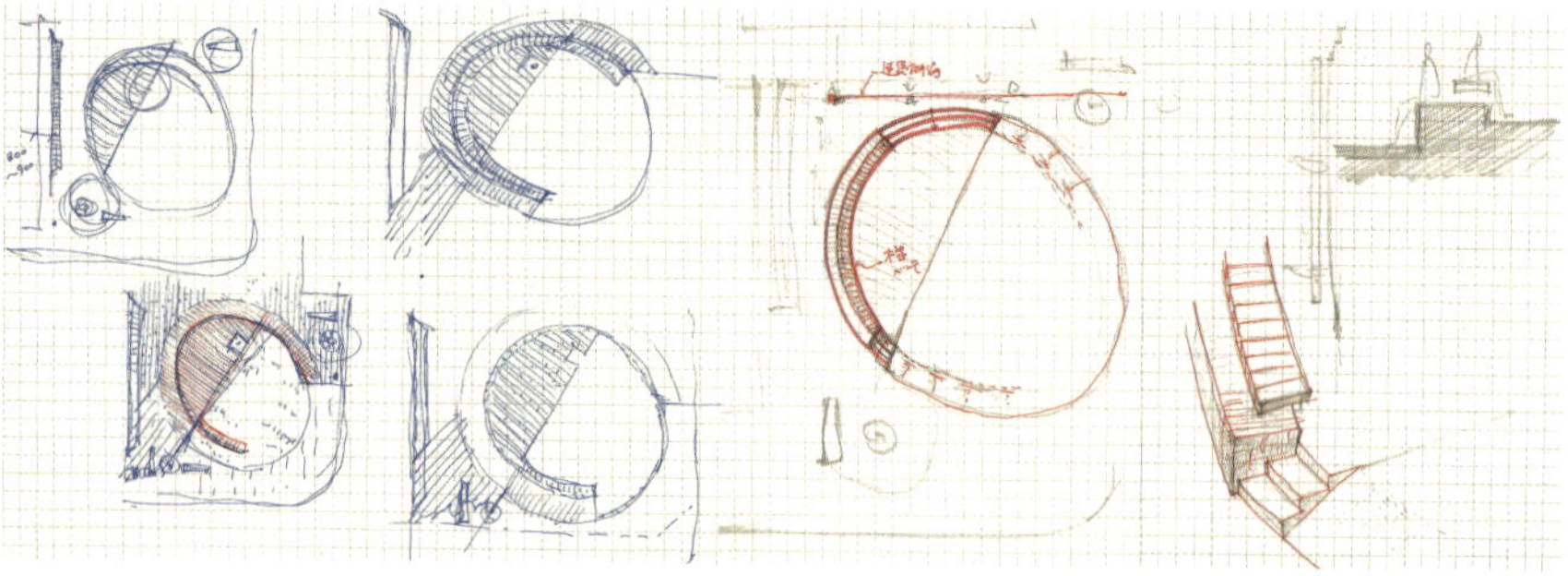

**4** 第3案のためのエスキス。西側（図面では上側）敷地のオーナーの意向を受け、そちら側を「裏」としないよう、またベンチを木製座板でフラットにする形をスタディした

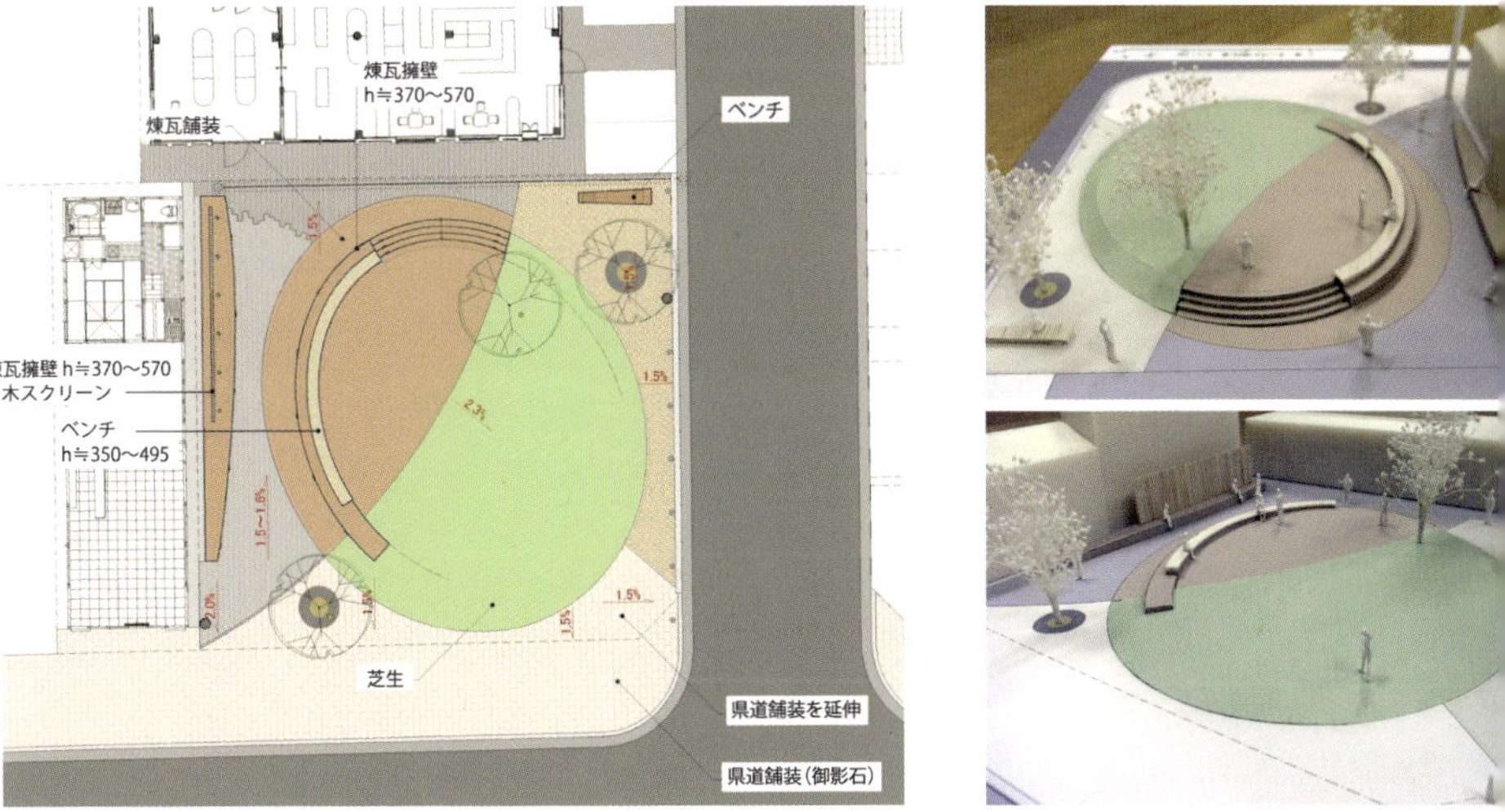


**5** 第３案の設計図と模型。座る所を木製ベンチとして、またフラットに配置した。西側敷地が裏側にならないよう、煉瓦と芝生の取り合いにふくらみを持たせながら、階段も組み込んだ。この案が最終形になった

### 竣工写真

ベンチのディテール。敷地勾配にかかわらず完全にフラットな木製座板である

セットバックされた西側敷地。同じ煉瓦が敷き詰められ、広場と一体化した。広場がお店の前庭のようだ

全景（北東の交差点側から見る）。楕円を用いたシンプルな造形

全景（西側から見る）。芝生に煉瓦のステージが組み込まれている。右手の木製スクリーンは、隣接する時計店のプライバシー保護であり、広場の背景である。その足元には、座れる高さで煉瓦擁壁が設けられた

# 油津 堀川運河および「夢ひろば」

宮崎県日南市

## 運河を中心にまちを組み立て直し、広場で結び合わせる

設計家としての自分のターニングポイントになったプロジェクトが宮崎県に二つある。

一つが日向市駅周辺整備であり、あと一つがこの日南市油津地区における堀川運河再生プロジェクトだ。

その堀川運河整備の中心となるのが「夢ひろば」である。この空間の組み立てについては、『GS群団奮闘記　都市の水辺をデザインする』（彰国社）でその始動期について多少は書いたし、のちに「夢見橋」と名付けられた屋根付き木橋については、そのエピソードだけをまとめてWEB上で『油津木橋記』なる連載をした。

改めて本章で取り上げる意味があるとしたら、これまで理論編で述べてきた断片を総合的に俯瞰するところにある。

### 「夢ひろば」のにぎわい五原則

❶夢ひろばにおける主景は、堀川運河そのものである。少なくとも設計者の意識としてはそうだ。

西欧型広場のように背景として立ち上がってはいないものの、「水」という、象徴性の高い存在が取り囲み、それに内部空間を関連付けられれば、主景として構成できると考えた。

主景が立ち上がっていないから、概念的には少々分かりづらいと思う。伝統空間にたとえるなら、参道の奥には社殿があることを知っている、道すがらの状況に近い。

この構成は、三次元のユークリッド空間で理解しようとしても無理だ。あくまでも心象風景が基本なのである。運河という水域が主景だとしても、図像と

堀川運河の風景。護岸はかなりコンクリートで被覆されてしまったが、往時の風情は色濃く残っている

して必ずしもモニュメンタルに立ち上がってくるものではない。それどころか、場合によっては見えていない瞬間もある中で、これを場の主体と感じられるという感覚は、はたして日本の文化に慣れ親しんでいない人に理解できるかどうか。いや、日本人だから皆分かるというものでも決してないだろう。

❷領域性もまた、堀川運河という水面に期待している。取り囲んでいる水域の存在が領域を形成し、かつ遠景の緑がそれを補完している。

むろん水面は、広場の中からは常には見えない。だが、空間の体験者は広場の外周が水面に囲まれていることを「知っている。

自分のデザインする空間は、そんなふうに組み立てられているから、写真を撮ってもその意図がなかなか伝わりにくい。その場に行って初めて感じられる場の造形原理である。困ったことに、写真一枚では何だか分からないというのは、設計事務所の営業としては困難を呼ぶ。そこがなかなかつらいところだ。

話を戻す。

平面図（次ページ）を見てもらいたいのだが、三角形の広場の二辺が水面に囲まれ、幅広の緑地が外周を囲い込み、さらに煉瓦擁壁と階段などが旋回するように絡み合って、内部空間を取り囲んでいる。西欧広場のような、構築物に囲われたハードな領域構造ではない。シンボルで柔らかく多層に取り囲んで領域性を形成している。これは、

整備前の「夢ひろば」整備対象地。コンクリート護岸に覆われているが、内部には石積み護岸が隠れている

施工中の広場護岸。被覆コンクリートを剥がした状態。破損部をチェックし、可能な限り元の石材を使って積み直した

戦前の堀川運河。全体に木材集積場となっている。

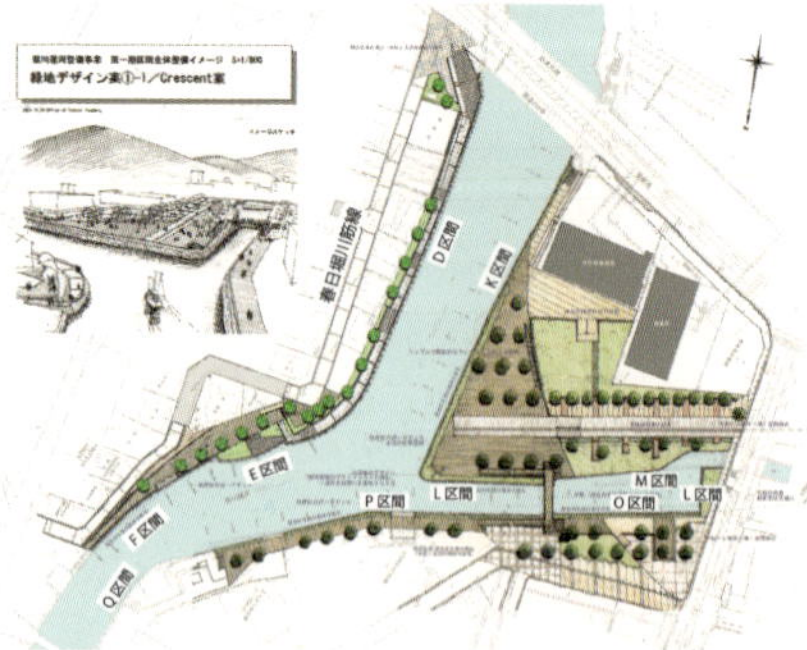


## 1 夢ひろばの初期イメージと模型写真

かつて木材集積地となっていたこの敷地には、「たんぼり」と呼ばれていた水域があり、また木材を搬送するための鉄軌道もあった。これらをモティーフに復元的なデザインを基本にしながら、周辺街区から水辺へアクセスする動線を重視してデザイン検討を重ねていた。しかし、なかなか決定案が絞り切れないでいた

## 2 夢ひろばの修正イメージ図とデザイン案

実施設計段階でも最終案が絞り切れない。そんな中、住民ワークショップで「中心商店街と水辺をつなぐ必要はないのか」という意見にインスパイアされて、デザインは大きく転換した。商店街へつながる交差点と水辺の連携が重視され、同時に「たんぼり」の復元は断念した。

この時点では、交差点付近の建物（郵便局）の移転交渉が進んでおり、まちづくりのデザイン会議で、建物のない案で整理することが決まった

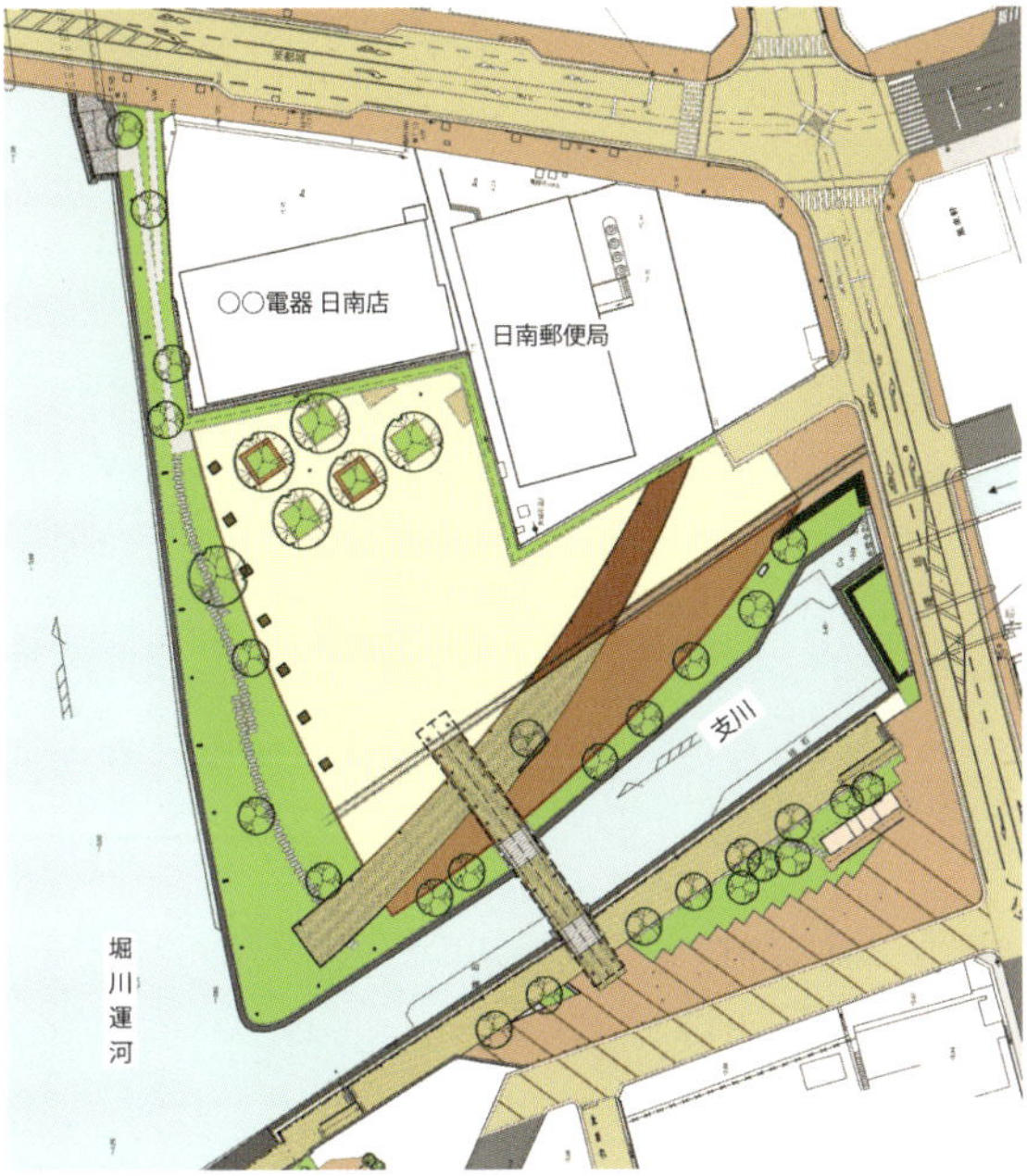


**3** 夢ひろばの最終平面図
そのまま設計はとりまとめられたが、その後、郵便局との移転交渉は不調に終わった

**4** 完成した「夢ひろば」全景
屋根付き木橋「夢見橋」が、水辺とまちをつなぐ。既存建物は残ったままであり、現状では使いにくい点も明らかになってきた。現在、この広場をリニューアルし、再びまちの活性化の拠点にする議論が始まった

日向市駅前広場でも使った、結界の手法である――このまま実現していればだが。

❸（主景に対し）適切な大きさと形を持ったオープンスペースの造形についていえば、広場の造形は、動線からデザインされている。まちのどこからでも入ってこられる動線を前提に、これらがぶつかることなく、広場内で旋回するように設定し、その中心にオープンスペースを配置した。これは、まちを堀川運河という水辺の焦点で結び合わせる意図だ。そんな空間を、食べればほろりとほぐれる三角オムスビを握るように、水や緑でふんわりと囲い込んだ。

しかし、残念ながら既存建物が残ってしまったため、その意図が分からない形になってしまっている。

最終形は、隣接する建物が移転をして初めて完成するのだが、宮崎県や日南市が働きかけてくれたものの、実はこれがうまくいかなかった。特に、交差点付近にある郵便局が動かなかったのが痛い。

❹不規則な形態であることはいうまでもない。

問題は、❺奥性を持った構成であるかどうかだ。

正確にいえば、主景に対して（奥性を持ちつつ）、きちんと場が〃付け〃られているかどうか。主景に象徴的な意味性があり、そして、それに向けてきちんとオープンスペースが方向付けられているかどうかだ。

その「仕掛け」は、あちこちに施した。

まずボードデッキだ。

水際線より相当に退いた位置で納められているのだが、末広がりに広がる先端部をすっぱりと切り落とし、その先を緩やかな下り勾配とすることによって、デッキ手前から見ると水上に張り出しているように見える。そこに腰を下ろすと周囲に水面が広がって気持ちいいのだが、背後から見ると人が水際ぎりぎりに座っているように見える仕掛けである。

同じことが、煉瓦擁壁の先端部に人が腰かけても起こる。屋根付き木橋「夢見橋」の水上にベンチを置いたのも同様だ。意識を常に水面に、運河に向けたい。

そして、こういう光景がまちと運河を心象的に結び合わせる。

領域性に重要な役割を果たしている煉瓦擁壁。擁壁沿いの鉄軌道は、かつてあったものを復元した

油津・堀川運河のデッキ・プロムナードと煉瓦擁壁で休む人々。広場の内部から見ると、水際ぎりぎりにいるように見えるが、実際には相当に引きがある。広場と運河を風景として関係付ける演出である

## 「夢ひろば」リニューアル

実際に出来上がった空間は、敷地内の建物が移転しなかったため、周辺街区との接続が弱く、多目的広場としてもやや使いにくいものになっている。

しかし、最近、日南市が中心となって、この広場をリニューアルする議論が始まった。水辺に商業施設を誘致して、まち全体の活性化を図るのだ。

幸いなことに自分もその輪の中にいる。自分としてはこの際、かつての最終形にこだわることなく、現在の状況をベースに立て直したい。住民参加型の議論によってそれを実現するつもりだ。この広場は、もしかすると時代の要請に応じて変化するものになるかもしれない。

完成した屋根付き木橋「夢見橋」。水上には座って休めるベンチが設けられた。かつて和船の材料として知られていた飫肥杉の特性を生かして、屋根は横梁のない、曲木を使ったヴォールト（曲面天井）構造だ（写真提供：井上康志）

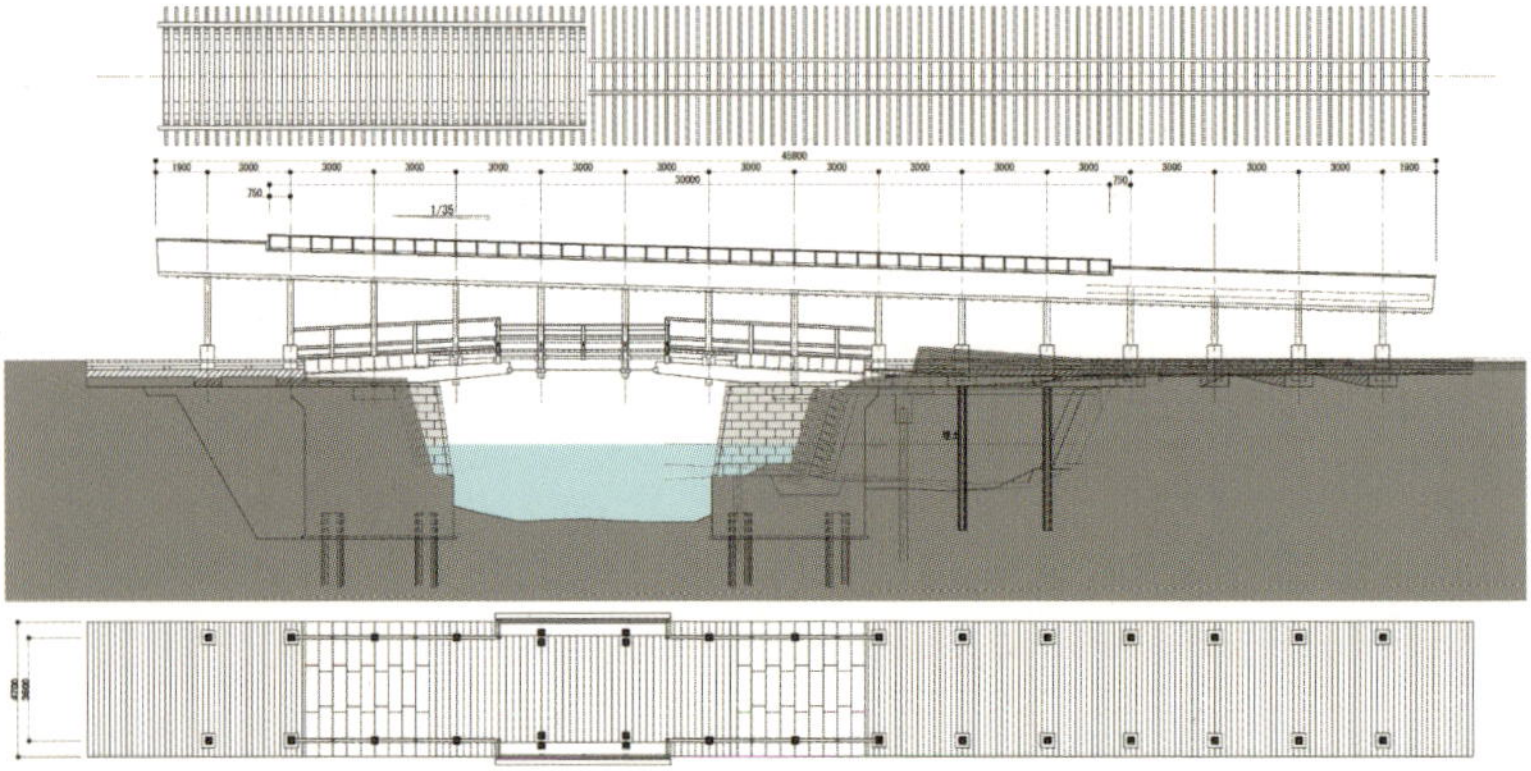


屋根伏

立面・断面

床面

木橋「夢見橋」姿図

復元された鉄軌道を使い、木製カートで遊ぶ子供たち

足触りのいいデッキは様々なイベントに活用される

復元護岸、ボードデッキ、防護柵、フットライトなどで構成された水際部のディテール

夢ひろばと周辺のプロムナードには、復元された歴史護岸に載せる形で、地場材の飫肥杉（おびすぎ）を使ったデッキ・プロムナードが多用されている。腐食しやすい杉を屋外で用いるため、材料選択から防腐処理、ディテールまで、「木材ワーキング」によって徹底的に検討された。整備後7年はノーメンテナンスが目標だったが、7年を過ぎても大きな破損・腐食は生じていない。照明、防護柵、ベンチなどは南雲勝志によるトータルデザイン

Case Study

04

# 道後温泉広場 愛媛県松山市

## 歴史的モニュメントを中心に、回遊する空間構成を持つ線状広場

道後温泉本館といえば、文字通り有史以来の歴史を誇る愛媛県松山市の地域資産である。昼夜を問わずおびただしい観光客を引き寄せ続け、その数は年間七十〜八十万人という。

だが、建物の前で浴衣姿の温泉客が記念写真を撮ろうとする至近を、タクシーやバス、旅館送迎車、一般車両が交錯するという、るつぼのような光景は、決して第一級の観光地にふさわしいものではなかった。

### 道後温泉本館と駅前をつなぐモビリティ・デザイン

二〇〇四年に松山市は、愛媛県とともに、この道後温泉と市電・伊予鉄道の道後温泉駅を中心に交通体系を見直し、歩行者主体の空間ネットワークに転換するモビリティ・デザインを仕掛けた。

まず、道後温泉周辺だが、旅館のあった隣接地を市が用地取得して、外周部に迂回道路を付け替えた。通過交通をそちらに誘導し、道後温泉の全周囲に歩道を巡らせ、道後温泉を歩行者空間の中に据え直すのだ。西側正面と北側側面は完全に歩行者空間化した。

道後温泉駅の駅前周辺も同様だ。それまでは、客待ちタクシーや一般車の駐車でひしめき、アーケード商店街とその奥のからくり時計のある「放生園《ほうじょうえん》」が塞がれていた。そこで、県道を付け替えて迂回路を整備し、一方で駅前の道路幅員を狭め、一部を一方通行化して、路線バス以外の乗り入れや駐車を追い出した。その結果、駅とアーケード、放生園は、歩行者空間

整備前の道後温泉本館周辺。夜ともなれば、建物の前で浴衣姿の温泉客が記念写真を撮ろうとする至近を、タクシーやバス、旅館送迎車、一般車両が交錯するという状況だった

〔道後温泉周辺広場の施工前と施工後〕

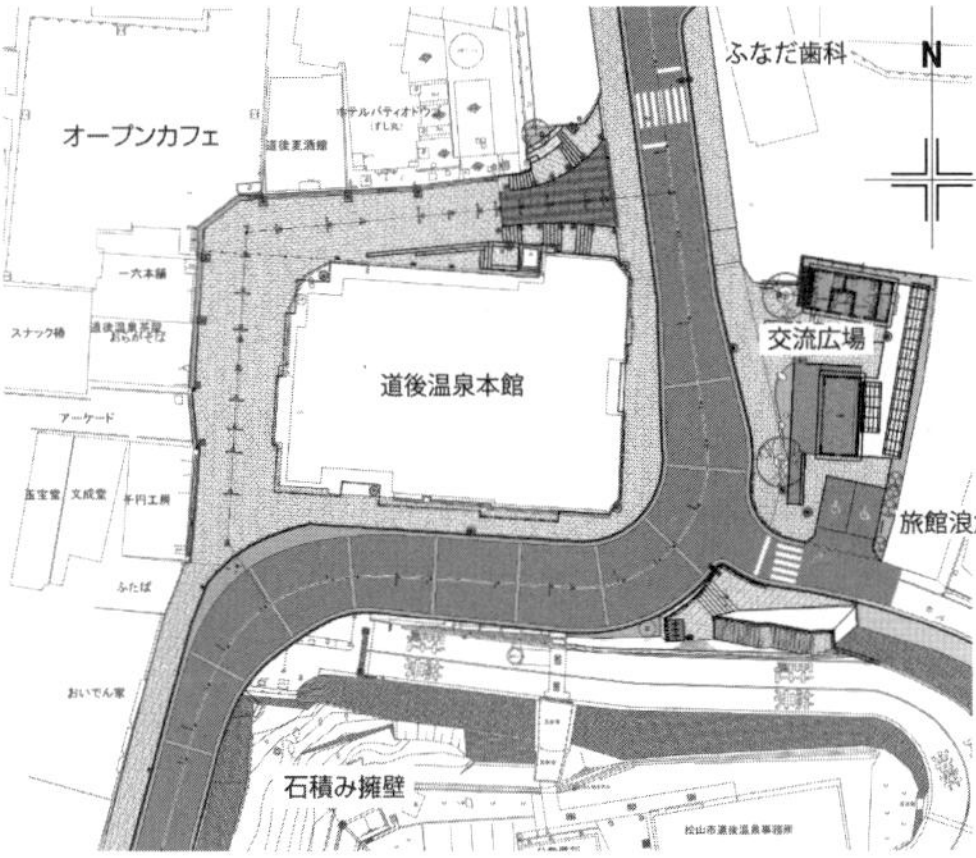

**整備前後の道後温泉広場**
東側敷地を用地取得し、迂回道路を整備する。残地はトイレと休憩所のある「交流広場」に整えた

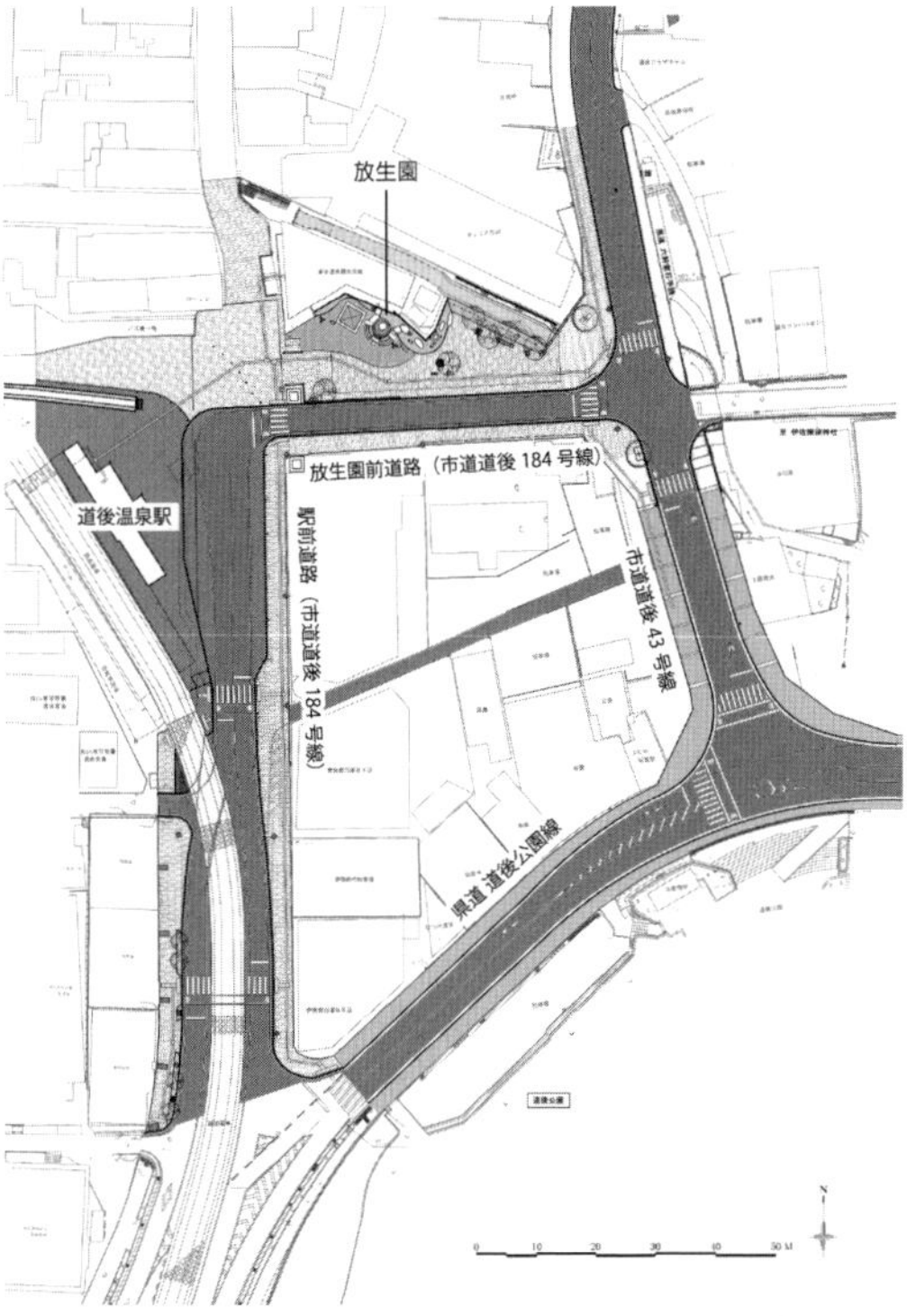

**整備前後の伊予鉄道・道後温泉駅周辺平面図**
道後温泉広場同様、やはり迂回道路を新たに整備し、駅前は車線を縮小して歩行者主体にした。道後温泉駅とアーケード商店街およびポケットパーク「放生園」の間から駐車を締め出し、歩行者空間に整えた

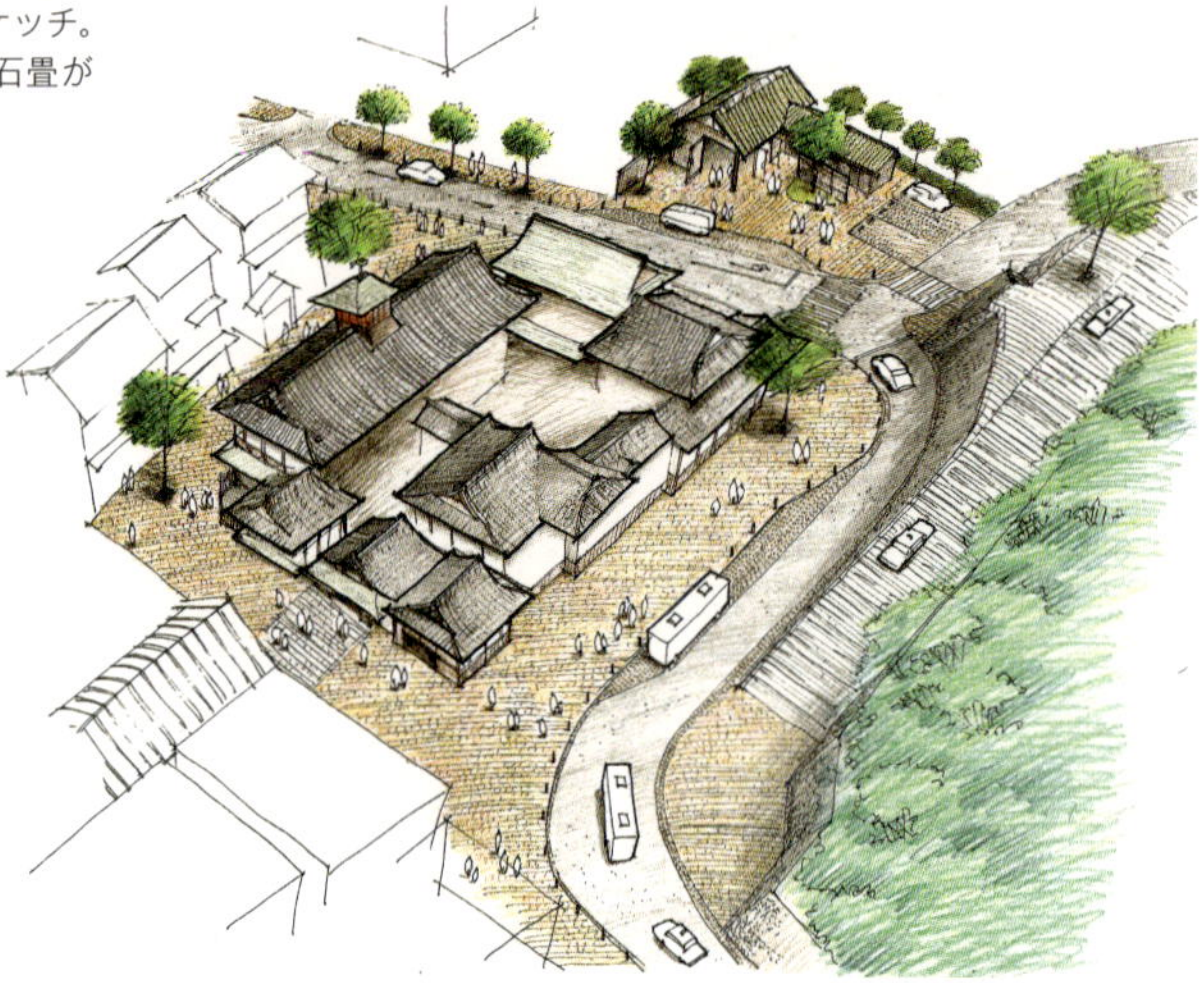

道後温泉広場全景のイメージスケッチ。最終的には高木もなく、ひたすら石畳が敷き込まれた

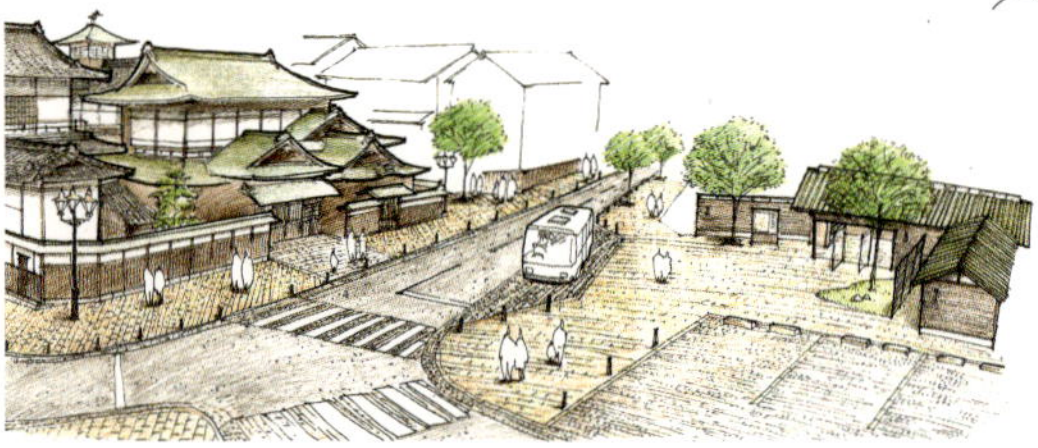

「交流広場」のイメージスケッチ。この時点では奥が休憩所で右側がトイレだったが、最終的には位置が逆になった

でつながることになった。

　これで、道後温泉周辺と駅周辺という、二つの拠点のそれぞれが歩行者空間化した。

　さらに県道沿いに歩道を整備することで、これらは連絡する。それまでアーケード商店街でしか連絡していなかった二つの拠点は、複数の連絡路を持つこととなり、回遊性が得られるようになった。「線」が「面」になった形である。

## ただ「都市化」するだけで

　拠点の一つである道後温泉周辺広場のデザインだが、実はこの場所は、最初から空間構成として西欧型の広場に近いものだった。それに気付いたのは、昭和の古写真を眺めていたときだ。

　中層の木造旅館や料理屋に取り囲まれた路上で、温泉客が談笑しながらくつろいでいる。あるいは、お祭りで浴衣姿で踊る娘たちを、周囲の建物から観客が見下ろしているという写真を眺めたとき、風景は日本のものでも、雰囲気は西欧広場と変わらないと思った。

　しかも、道後温泉を中心に外周を巡る、「みちゆき」空間でもある。

　――面白い。ただ「場を創れば」自動的に広場になる。そう確信した。

　場を創るとは、道後温泉という求心力を持った主景を中心に、〝人間活動の活性化をいざない生成する場〟として「都市化」することだ。この場合でいえば、まずは舗装するということ。ただし、道後温泉という、アニメ『千と千尋の神隠し』のモデルの一つにもなった個性的な外観を持つ歴史的モニュメントに対し、ふさわしい舞台空間を創るには、本物の質感が必要だ。

そこで目をつけたのが、市電・伊予鉄道の敷石である。手加工の荒ノミ仕上げによる錆・桜御影石の混合だったが、これを敷き詰めたい。実はこれは、東京の銀座中央通りの発想に近い。ただし、銀座通りは都電の敷石を一皮むいて素地を出したものが敷き詰められたが、ここでは風化した風情そのままに古石を敷き詰めたかった。刻み込まれた時間が、道後温泉という歴史にバランスをとると思えたのだ。

これをひたすら敷き詰め、道後温泉を取り囲む線状のオープンスペースとしての一体感さえ与えれば、自動的に回遊性が現れるだろうと直感した。道後温泉を巡る運動性と奥行きが生まれ、全体が線状の「みちゆき空間」となる。この空間構成を、自分では珍しく、敷地を見た瞬間に思い付いた。

逆に、この広場を、正面や側面でそれぞれ分割して、ばらばらでデザインしようものならすべてがパアだ。それぞれの空間はせせこましくなるし、北側空間は正面性の乏しい、貧相な場所として取り残される。とにかく、素材による統一感が重要だった。

例によって、にぎわいの五原則に当てはめて整理してみる。

❶主景として、いうまでもなく道後温泉本館という絶対的なものがある。

❷領域性は最初から優れていた。主空間は、温泉本館正面（西側）と北側の、L字形の広場的な街路だ。その内部から見ると、県道に続く南側は、正面を高い石積み擁壁によって視線は閉ざされ、反対側の北東側も、同じように石垣で閉じている。

❸（主景に対し）適切な大きさと形を持ったオープンスペースが配置されていることと、❹不規則な形態であること、さらに❺奥性を持った構成については、既に述べた通りだ。回遊性を持った、いわばリニアな広場の連続体といった敷地形状として捉え、道後温泉のまわりを周遊するような運動性を与えた。

### 石畳の顛末

ところで、この石材だが、ネゴシエーションの段階で自分は失敗したかもしれない。

伊予鉄道は当時、軌道部の敷

道後温泉広場の舗装には、市電・伊予鉄道の敷石を敷き詰める予定だったが、実際に伊予鉄道の敷石が使われたのは、道後温泉正面の部分のみ。それ以外は新材が切り出された

石をプレキャスト・コンクリートに漸次切り替えつつあり、交換された敷石は、未使用の敷石とともに市内の数箇所にストックされていた。実際にその置き場を訪れたが、まさに宝の山で、数量もちょうど温泉周辺を敷き詰めるに足るだけあった。

松山市は、伊予鉄道と交渉して、事前協議では無償で提供してくれそうだということだった。

ただ、舗装に使うには表面の凹凸が大きすぎるのではないかという意見もあり、決定する前に、現場付近に二㎡程度、試験的に敷き並べ、車椅子やハイヒールで歩行実験を行った。その結果、歩行性・安全性には全く問題がないことが確認されたのだが、その際に地元新聞が取材に来ていて、問われるままにこの石材の価値を語ってしまった。東京の銀座通りより良くなるとまで言ったと思う。これがいけなかった。

後日、伊予鉄道から松山市へ、未使用の石材は今後のメンテナンスのために保持しておきたいという返答が来た。もしかするとあのときの新聞記事のせいではなかったかと、自分としては思わざるを得ない。今となってはその真偽は分からないのだが……。

結局、最終的に供出された石材は、本館正面の色濃い部分のみである。

それ以外はすべて中国で切り出した新材で埋めた。新材とはいえ、電鉄敷石を基準にすることができたため、厚さ一〇㎝、荒ノミ仕上げも鮮やかな手加工の自然石である。質感は十分だ。市道部も県道部も、共通にこれが敷き詰められた。問題は何もない。まあ、何となく惜しかったように思っているという、それだけのことなのであるが……。

広場の完成後しばらくして現場を訪れる機会があった。すると道後温泉の前で、人力車の車夫が観光客に向かって、「お客さん、正面だけ石畳の色が違うのはどうしてだと思います？」なんぞと説明しているではないか。まあ、それもいいかと、そう思った。

### 領域性の仕上げ
### ――階段とスロープ

道後温泉は、傾斜地の中に建っている。松山市は、道路入口の勾配を集約して、坂下の広場空間を可能な限り緩やかにする戦略を立てた。つまり、階段とスロープを組み込んでレベル差をそこに集約し、広場全体の勾配を均したのだ。

この階段・スロープが、広場内部から見ればエッジとなり、領域性の形成にプラスの効果をもたらしている。これは狙ったというより、フロックとしてついてきた。いい現場というのは、えてしてこのようなまぐれ当たりがあるものだ。

こうして出来上がった広場は、和のニュアンスがありありとしているが、実は西欧広場の手法を回遊式庭園的な空間構成の中に展開した、一種の文化的ハイブリッドな空間となった。日向市駅前広場とは全く違うが、自分が考えるところの「みちゆき空間」をそのまま具現化した、日本的にぎわい空間のプロトタイプの一つである。

**道後温泉周辺広場の施工前と施工後**
坂下の勾配を緩やかにするために設けられた導入部の階段とスロープ。この造形は、広場内部の領域性を高めることにも寄与している

**道後温泉駅前の施工前と施工後**
**(道後温泉駅から望む)**
通過車両と違法駐車が締め出され、アーケード商店街とその先のポケットパーク「放生園」は、歩行者空間でつながった。路線バスだけは車止めの間を通行する。車止めは脱着式で、秋祭りの際には引き抜かれて、ここは喧嘩神輿がぶつかり合う伝統行事の舞台となる。そのため、足元に段差は一切ない

完成した道後温泉広場。敷き詰められた荒ノミ仕上げの御影石は、夜間でも質感が豊かだ。灯篭の周りのムクリの付いた縁石は、広場の勾配を調整するため。外周部でも同様に調整を図ったところ「お、走りやすい」と、人力車の車夫はすぐに気付いた。

道後温泉広場全景。新設された迂回道路の内側は歩行者空間となり、道後温泉はその中に浮かんだ形となった。写真手前は神社へ上がる参道階段だが、今回の整備で擁壁からすべてつくり直された。右側が街角広場である「交流広場」。トイレと休憩所が設けられた

交流広場から道後温泉を望む。照明柱は南雲勝志のデザイン。「色気のある造形」ということで、道後温泉のシンボルである「湯玉」を象った、赤いガラスの首飾りが付けられている。キッチュぎりぎりのデザインだが、プロポーションに品があり、印象的なオブジェとなった

Case Study

05

# 出雲大社 神門通り　島根県出雲市

## シェアド・スペースによる歩行者空間の形成と、日本を代表する参道空間の意匠表現、その融合

神門通りは、一九一三（大正二）年に開設された比較的新しい参道である。一九一五（大正四）年に地元の名士である小林徳一郎氏の寄進により堀川のたもとに大鳥居が建てられ、併せて二八〇本の松並木が植栽されて参道の体裁が整った。このとき「神門通り」と命名されて、今や出雲大社の表参道といえば、この通りを指すのが一般となった。

しかし、せっかく整えられた参道だったが、戦後の自動車の増加によって、たちまち歩行者空間は、沿道建物と松並木に挟まれた狭小な部位に追いやられてしまった。その結果、歩いて参詣するという参道本来の機能が阻害され、鳥居前町としての沿道商店街は衰微し、やがて、参詣者の数とまちのにぎわいがまるで連携しないという、いびつな状況となり、これが、最近まで長く続いていた。

島根県は、二〇一三年に照準を合わせて神門通りの本格的な改修を決めた。この年は、出雲大社にとって六十年に一度の本殿遷座祭――いわゆる大遷宮の年なのだ。この歴史的行事を契機に参道を石畳で刷新し、狭かった出雲大社前の交差点「勢溜《せいだまり》」を拡幅する。併せて、「シェアド・スペース」の概念を導入して車両通行を抑制し、歩行者主体の通りに転換させるという、モビリティ・デザインを仕掛けたのである。

### シェアド・スペースによる通過交通の抑制

シェアド・スペース《shared space》とは、歩車分離に代わる、通過車両抑制

神門通りは、大社前の勢溜直前で坂道となる縦断線形を持つ

神門通り全景。大正4年に建てられた大鳥居から臨む

の新しい概念である。これまでの「歩車分離」は、歩道と車道を形態的に明確に分けて、それぞれの機能を独立的に充足させるというものだ。確かに物理的に保護されれば歩行者の安全性は確保できる。しかし、それには相応のスペースを必要とするし、分離できない場合には手の打ちようがなくなる。

この発想の真逆を行くのが、シェアド・スペースである。一九八〇年代にオランダで提唱され、その後ドイツやベルギー、イギリスにも広がった。要するに、歩車道をあえて平面的に共存させることによって、ドライバーに注意喚起を余儀なくし、速度抑制させるという手法である。歩車分離に比べると空間はコンパクトですむ、というか、既往街路のままでも対応できる可能性が高い。

これを実現するため、島根県はまず、二〇一〇年に社会実験で道路の白線を一mずつ移動して路肩を拡幅し、車道幅員を五mに縮小した。すると、それだけで明らかに人の動きが変わった。松並木と白線の間に通行できるスペースが生まれ、人通りが増えたのである。

翌年の二〇一一年度は、これを成果に詳細設計に向けて、具体的な街路デザインのワークショップが開催される運びとなった。このとき小野寺が設計者として選ばれ、プロダクト・デザイナーの南雲勝志とともに、このプロジェクトに参画したのである。

実は我々は、二〇〇四〜〇六年に同じく島根県の津和野町にある、「津和野 本町・祇園丁通

整備前の神門通り。戦後のモータリゼーションの増加によって、松と建物の間の狭小な空間に歩行者は追いやられ、沿道からにぎわいが消え失せていた。この状態をデザインによって再生するのが神門通り整備の目的である

完成した神門通りでは、「にじみ出し」舗装パターンによって、歩行者は白線を超えて歩くことに抵抗がなくなった。逆に、通過車両は遠慮せざるを得ない。歩きやすくなった参道に人の流れが戻ってきた。島根県は、繁忙期には大型観光バスの通過を一方向に限定することにした。次第に車道抑制は強まるかもしれない。奥の大鳥居は、1915（大正4）年に立てられたコンクリート製

完成した神門通りに、南雲勝志がデザインした松葉のような照明柱が並ぶ

リ」の整備にも協働していた。そしてその整備メニューは、車道の石畳化と、デザインによる歩行者空間の強化――つまり、今回の神門通りとほぼ重なるものだったのだ。

### 機能デザインとしての参道

神門通りの整備の目的は主に三つ。一つ目は、出雲大社参道にふさわしい形態として景観的に鍛え直すこと。そのためには石畳にするが、二つ目に、日中頻繁に観光バスが通る重車両交通に対応する、強靭な自然石舗装を実現すること。さらに三つ目として、シェアド・スペースによって歩行者が気持ちよく歩ける雰囲気を実現させることだった。

重車両通行の石畳と歩行者主体のモビリティ・デザインというメニューは、津和野とほぼ同じものだ。違うのは、ここが日本を代表する神社の参道であること、路肩に松並木がありそれを生かすべきこと、今度は車道部に「インジェクト工法」を使えることだ。インジェクト工法とは、自然石舗装の湿式工法の一種であり、流動性の高い特殊なバインダーを使って空隙なく舗石を包み込むとともに、そのバインダーが持つわずかなたわみ性が走行荷重を柔軟に受け止めるというものだ。車道の石畳工法として、今日最も信頼性が高いといっていい。

その石畳だが、観光バスなどの重車両が通行することを考えれば、中央の車道部はある程度小さなピースで舗装する方が無難だ。だが、それでは参道の風情は出ない。

神社の体系において皇室と直結しその頂点に立つのが伊勢神宮ならば、少数の例外としてその系列から外れながらも、伊勢と別格的に比肩するのが出雲大社である。その辺の神社事情は専門書に譲るとして、ともかく神門通りは、その表参道として十分な風情、品格を表すものでありたかった。

やはり石材は大判を使いたい。しかも参道らしく、できれば縦に並べたい。通常、参道というのは縦遣いで大判の切石を敷き詰めるのが作法なのだ。

幸いインジェクト工法の採用が決まっていたから、かなり大判の石材も使えた。だがそれでも、縦に目地を通せば大型車両のタイヤの回転方向と同調し、ズレが生じやすくなる。強度のためには、横方向に目地を通さねばならない。このような考え方から生まれたのが、縦向きにした石を横目地で並べるという舗装パターンだ。

さらに、風情を出すため、石材の側面を手加工の割り肌の風合いにし、石種は、白線の白御影とコントラストを出しつつ落ち着いた風情を狙って、グレー二色でムラを出し、アクセントに黒御影も加えた配合とした。

### 「にじみ出し」によるシェアド・スペースの補強

さらに、シェアド・スペースによって歩行者が気持ちよく歩ける雰囲気を実現させる。しかし、「歩車共存」では不十分と考えていた。〝歩行者主体〟にしたい。やはり歩いてこその参道なのだから。

実際、白線移動しただけでは、歩行者も通過車両も互いに白線ぎりぎりまで寄ってしまう。そのことは既に社会実験で明らかになっていた。プライオリティを明確に歩行者空間に与えたい。そのための手法が「にじみ出し」である。歩道に相当する路肩部の舗装を、白線の内側(車道内)に少し拡幅するのだ。それは、「津和野 本町・祇園丁通り」で既に実証済みのものだった。

白線によって歩車道の境界は定まる。ただ、歩道部の舗装をわずかに車道側ににじみ出させる。そのことによって、歩車道の主従関係は逆転し、歩道に主体性が与えられるのだ。

歩行者は、白線をまたいで歩いていいと感じ、ドライバーは舗装パターンの切れ目でとどまらなければならないと意識させられる。少なくとも、歩行者が白線の外側に出てくることを警戒せざるを得ない。

ただの舗装パターンが、そういう心理効果を空間に与えるのである。

この効果が評価されて、「津和野 本町・祇園丁通り」は、二〇〇九年度土木学会デザイン賞の最優秀賞を受賞した。吉村伸一審査員のコメントが、このデザインの意図するものとその結果を的確に伝えている。いわく、「整備前は歩道(路肩)を歩く人の割合が九割、整備後は歩道部四割、車道部六割になったという。つまり、路肩に追いやられていた歩行者が道全体を歩くようになった。事故は起きていない。歩行者がいると車は徐行する。人は端に寄り、また中に戻る。道を通るという感覚よりも生活空間に入る感覚。それが歩車共存の作法を生み出している。」(土木学会HPより)

## 「勢溜」坂道部の拡幅整備

出雲大社入口の大鳥居周辺の交差点は、「勢溜」と呼ばれ、神門通りは、この勢溜交差点の直前で上り勾配の坂道になっている。

交差点は狭く、いつも参詣人で混み合い、車が渋滞していた。これを改善するには、交差点の歩道と車道を共に広げる必要があったが、当然交差点部だけでなく、取り付けに必要な坂道部沿道全体も用地買収して広げねばならない。しかし、拡幅された坂道部の街路空間をどのように使うかは、詳細設計に委ねられた。

そこで提案したのは、ここをスロープと階段の複合空間にすることだった。スロープと階段が併設する街路形態は、ドイツなど西欧都市では珍しくないものだが、日本ではあまり事例がない。しかも、ただの階段ではなく、少しアレンジを加えた。

坂道部の勾配は約八%もある。大雨ともなれば歩きにくく、冬の凍結時には健常者にとっても滑りやすく危険だ。そこで、広がった空間を利用して、沿道側に階段と平場が組み合わされた、緩やかなサブ動線を通したのである。

一方、沿道商業者にとっても、八%勾配が三%程度に緩和されるのであれば、敷地を街路とつなげやすくなり、スペースを有効に使える。官民双方にとってメリットが大きい。

**津和野 本町・祇園丁通り**
車道は、乾式工法による総御影石張り。歩道舗装（路肩部）が白線を超えてわずかに車道側へ延びている。その結果、シェアド・スペースが強化され、歩行者主体の街路が実現した

神門通りデザインのイメージスケッチ

神門通りの舗装デザイン
（仕様図・割付図）

**車道部**
グレー（灰黒石）結晶大
/荒ノミ仕上げ+ウォータージェット
＝100%

**歩道部**
グレー（灰黒石）結晶大/ビシャン仕上げ ：
グレー（灰黒石）結晶小/ビシャン仕上げ ：
輝黒石/ビシャン仕上げ
＝5:4:1

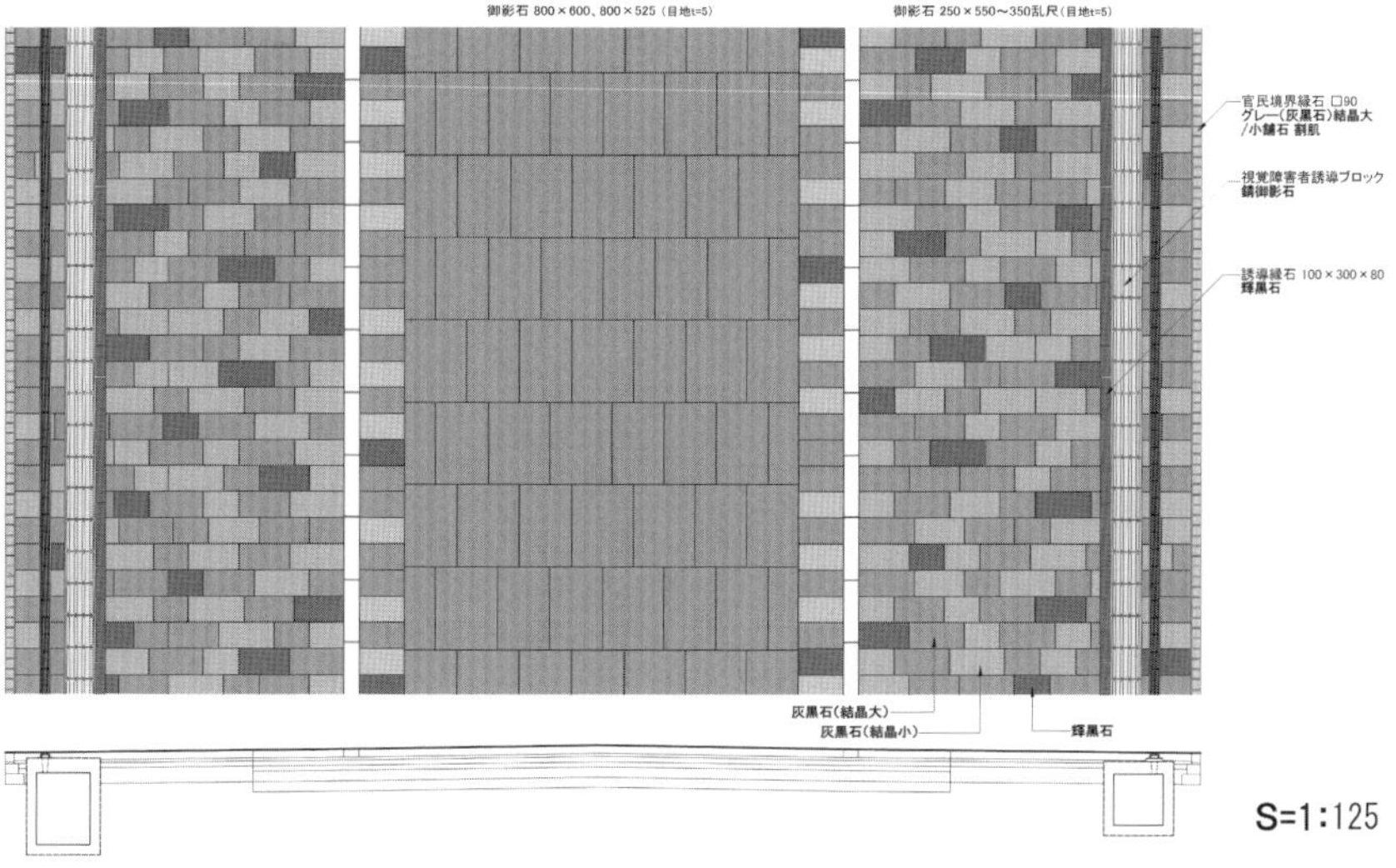

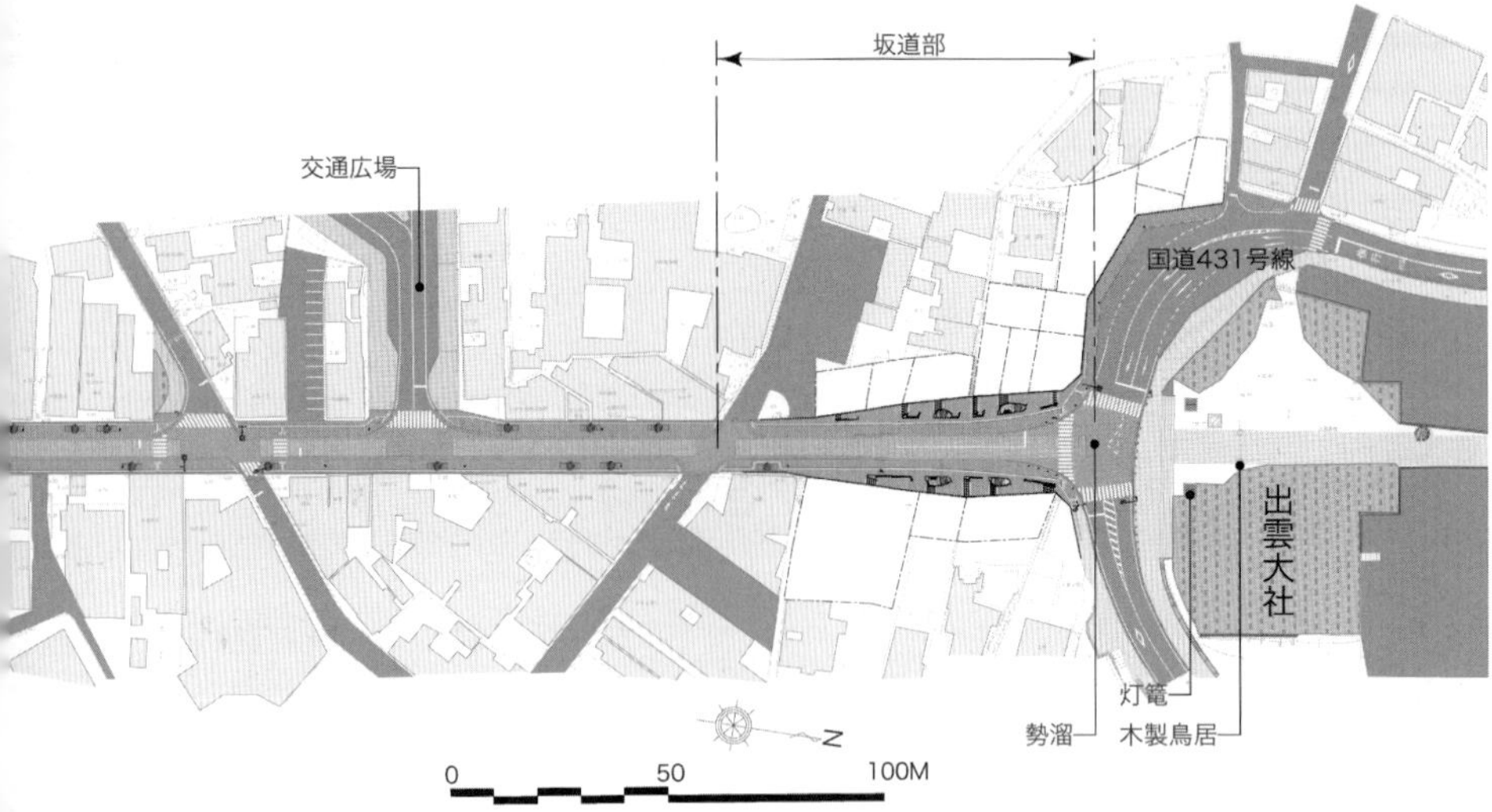


それには道路設計と沿道の建て替えのタイミングが同調する必要があるのだが、今回の用地買収によって、沿道建物は必然的にすべて一新される。このタイミングで互いの設計を調整すれば、官民で形状を合わせることができるのだった。

これを実現するため、島根県に「坂道部ワーキング」を立ち上げてもらった。

沿道の方々にそれぞれの建築計画を持ち寄って集まってもらい、道路の設計図にそれぞれの計画図を落とし込んで一枚にし、それを大テーブルに広げて取り囲みながら、街路と敷地それぞれを調整した。

まず、車乗入れ部の位置、段差処理の位置・形状などを、それぞれの建築計画と突き合わせた。

一方で街路のデザインとしては、階段部とスロープ部の境界部に、植栽桝擁壁や照明柱を組み入れたかった。これまで坂道部には植栽がなく、神門通りの松並木も坂道部に入る前で途切れていたが、この境界部の造形によって勢溜まで松並木が届くことになる。照明柱も、同じ並びで連続できる。この位置と形状もまた、坂道部ワーキングで一気に調整できたのだった。

**参道型みちゆき空間**

こうして神門通りの坂道部は、三次元的な空間造形となった。

歩行者は、スロープと階段・平場部を自由に行き来できる。狭間にある植栽桝擁壁は、この絡み合う動線を邪魔しないよう、丸みを帯びた柔らかな造形とした。植栽桝の素材には地場

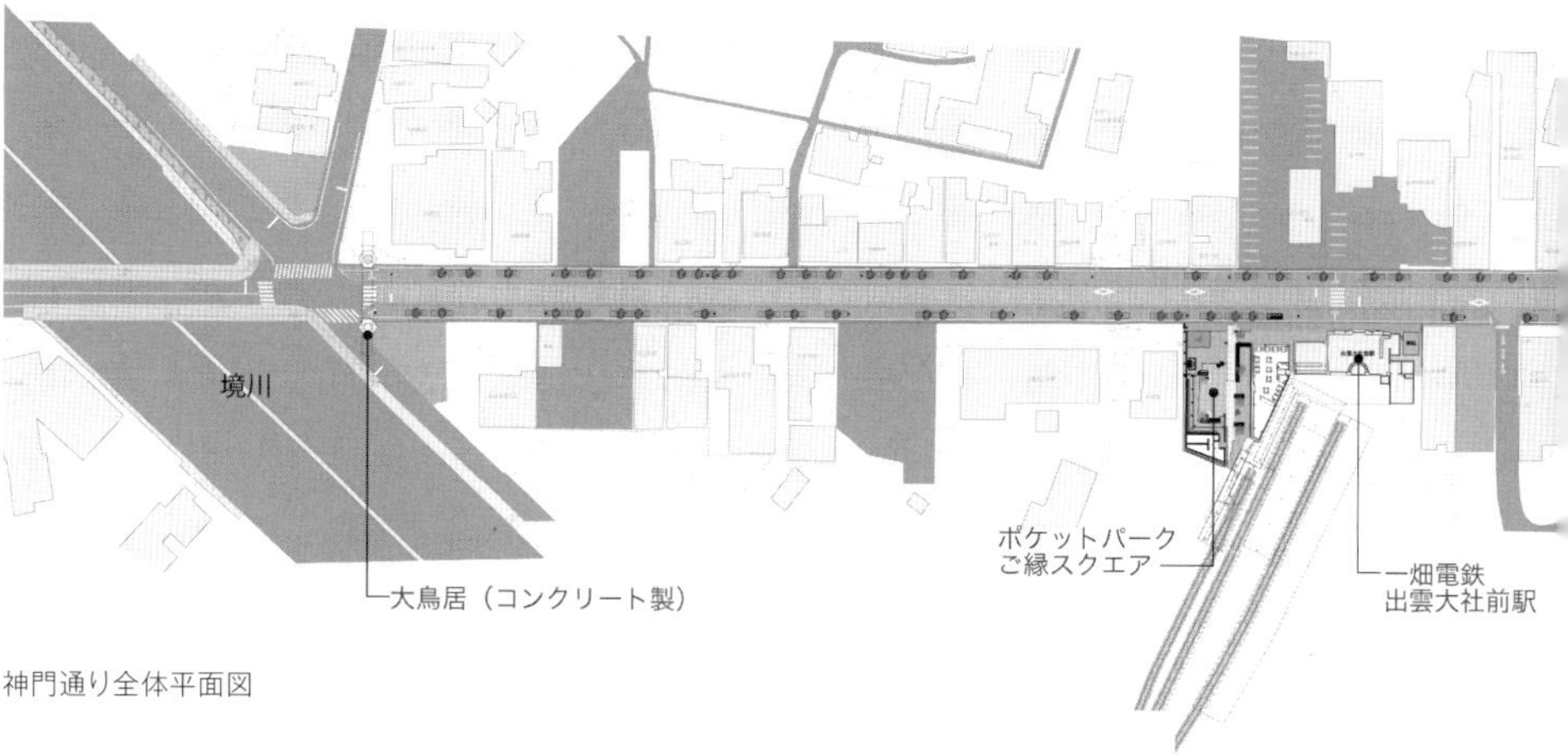


神門通り全体平面図

材の福光石を使い、腰かけられるような形状にするとともに、フットライトも組み込んだ。

これは、さりげなくも意図的にコミュニケーションを誘発するデザインである。限られた街路幅員の中で、足早に通り抜ける人、ゆっくり沿道の街並みをひやかしながら歩く人、ベンチ擁壁に腰かけ休む人など、様々なアクティヴィティが、それぞれ秩序を持って共存することで、街路が広場のように利用されることを狙った。

これは文字通り、参道型のにぎわい空間であり、日本的な「みちゆき空間」の造形だ。〝人間活動の活性化をいざない生成する場〟としてのオープンスペースが「広場」という空間概念だとすれば、この神門通り坂道部は一見街路デザインでありながら、実は日本の空間文化における「広場（的なるもの）」を体現している。

もちろん、住民参加ワークショップではそこまでは説明していない。これは設計者の中だけにあるコンセプトだ。

実は、さらに別のコンセプトも潜んでいる。

これを書くと誤解されそうだから少しためらうのだが、「ダ・ヴィンチ・コード」というほどではないにせよ、出雲大社のシンボルである「青龍」が、参道デザインのメタファーとして隠れている。それはどのようなものなのかというと――。

野暮な話になりそうだからこの辺にしておく。

神門通り坂道部　整備計画模型

施工前の神門通り坂道部
坂が急で歩きにくい上、歩行空間が狭く、にぎわいに乏しかった

完成した坂道部。沿道側は階段とスロープの組み合わせで、車道沿いはスロープとし、境界部に松並木の植栽桝や照明、サイン等を組み込んだ

坂道部は、沿道建物と街路が一体となった。セットバックして歩道と同じ仕上げにした店舗もあり、広々とした空間の中、オープンカフェが生きる形になった

植栽桝擁壁のディテール。天端は淡グレー御影石で、腰かけやすいように浅く面を取っている。側面は地場産の福光石を乾式工法で使い、フットライトも組み込んだ。植栽桝の造形は、浮雲のように柔らかいカーブで整えた

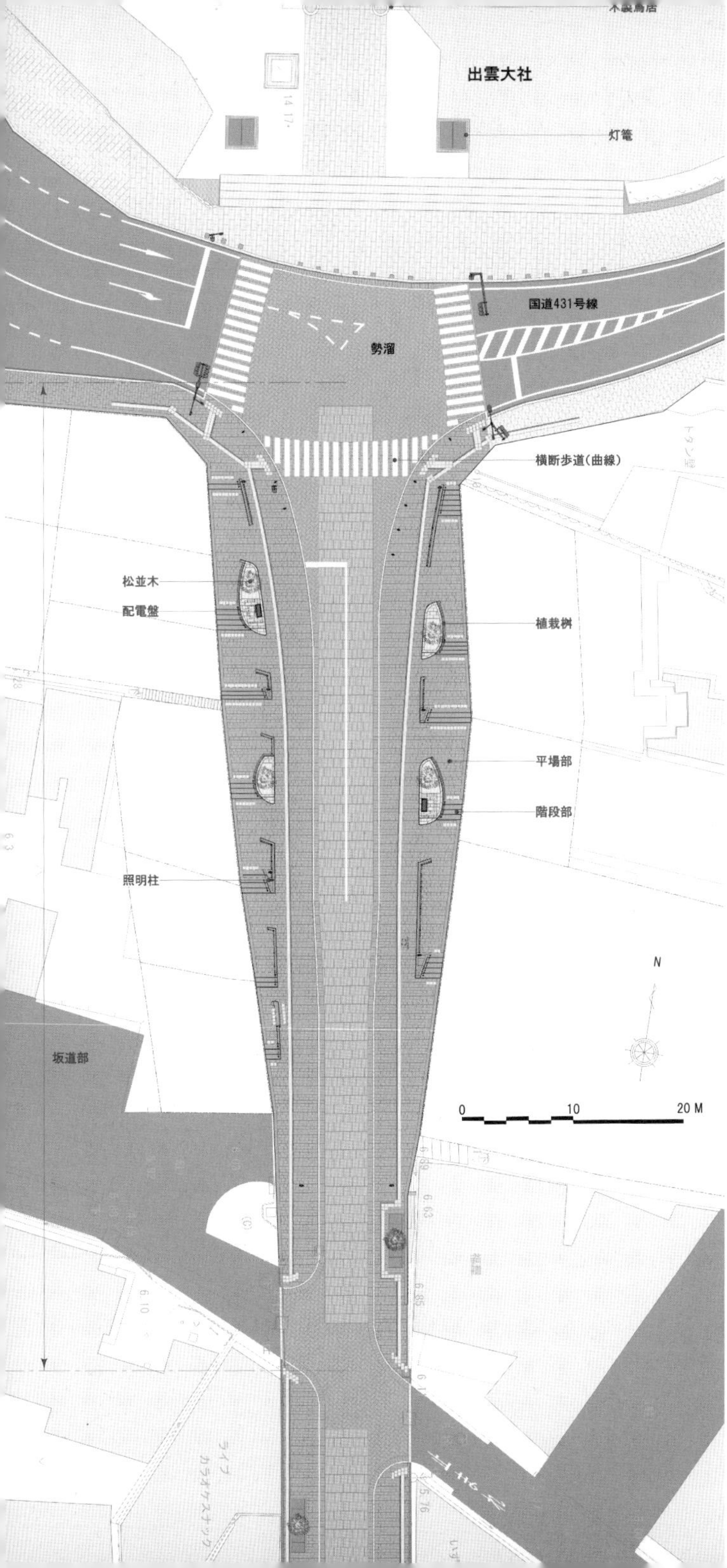


坂道部平面図

出雲大社の大鳥居前は「勢溜」と呼ばれ、神門通りは、この手前で上り勾配に坂道になっている。交差点の渋滞を改善するため、勢溜は用地取得して広げられ、それに伴って坂道部も拡幅された。ここをスロープと階段の複合空間としてデザインし、併せて松並木の植栽や照明などを組み込み、多機能の「みちゆき空間」に仕立て上げた

column

デザインの眼 10

# コストダウンの手法

コラム「デザインの眼6 素材を重視する」では、「カラー舗装」という発想の問題点を指摘した。予算がなくなったから「擬石」平板舗装(コンクリート)に変更する、煉瓦が使えないから赤いインターロッキング・ブロックで可とする、といった類いの判断は問題であるということも。

ではどうすればいいのか。予算が許さないということはままある。可能なら、その時点でデザインから見直したい。

埼京線・与野本町駅の駅前広場をデザインしたとき、試算時に予算をオーバーしてしまった。芝生と煉瓦で造形されていたそのデザインを、煉瓦色のコンクリート・ブロックに変更すれば予算内に収まるのは明らかだったが、その選択肢は自分にはない。このときは、与野市(当時)が得意とするバラ園を大々的に導入して舗装面積を減らして対応した。〃**緑地を増やせばコストは下がる**〃というわけだ。贅肉をそぎ落としてシンプルな造形に鍛え上げ、緑を大幅に増やす。その結果、空間の質感は、落ちるどころかかえって上がった。

また、コラム「デザインの眼5 境界部に心を砕く」で述べたように、境界部やエッジ的な部位にディテールを集中させるという方法はコストダウンとしても有効だ。

群馬県の安中坂本宿という歴史的宿場町における主軸、旧中山道の修景事業では、舗装は除雪しやすい標準的なアスファルトとし、街渠や水路に予算を集中投下した。照明柱や防護柵は、横断歩道の至近にのみ設置した。これも、決して貧相な

安中坂本宿「旧中山道」修景
舗装はすべてアスファルト舗装とし、細やかなデザインが詰め込まれたディテールを施設境界部に集中した（写真提供：北村仁司）

与野本町西口都市広場
芝生とバラ園を拡大して舗装面積を減らした結果、かえって豊かな雰囲気に仕上がった

空間にはなっていない。

ところが、一般に現行制度は、形の変更を容認しない。計画、設計、現場監理と、後戻りの許されない一方通行のフローで進められるのが公共事業であり、予算が変わったからといって、全く異なるデザインに改変するのは実に困難なのだ。形をそのままに単価を置き換えてコストダウンを実現したいという判断の根はこういうところにある。

しかし、自分自身の経験では、これまでそのような状況に陥った場合でもしばしば設計を変更し、妥協せずに結果に到達することができた。それは、設計者の能力というより、「やる気」のある行政担当者に恵まれてきたというにすぎない。

結局のところ公共事業も、動かしているのは人間なのだ。自分が関わってきた現場では、ありがたいことに、かなりの打率でそういう意思を持った行政マンに巡り合えた。そのまちをよくしたい、人々の笑顔を見たい、事業を無駄にしたくない——そんな思いが、彼らを突き動かす。担当者には、本来少なからぬ裁量が与えられているのが我が国の行政組織というものであり、自らが前例主義に引き籠らなければ可能性は十分にあるのだ。

こんなことを書くと、行政組織の外にいる者に何が分かるか、と鼻白む向きもあるだろう。しかしそういう方には、これを自分に教えてくれたのは行政担当者、その人たちなのだと言っておく。

column

デザインの眼 11

# 〝遅い交通〟がもたらす新たな都市居住の形

世界遺産に象徴されるように、歴史的資産や文化的価値の再評価に注目が集まる中、現在欧州や北米では、そんな歴史的な旧市街地にゾーン・システムを掛けて通過交通を排除し、「ぶらぶら歩き（仏語でいうflanerie）」によって活力を取り戻す施策が標準的なものになりつつある。

これを支援するのが、公共交通の充実だ。その主軸は、LRTであり、これにインテリジェントなバス・システム、そしてサイクルシェアと呼ばれる新しいタイプの登録制レンタサイクル・システムが補完する。

LRTと従来の市電の違いは、その低床性がもたらす乗降性と、お洒落なデザイン、およびピクチャー・ウィンドウがもたらす景観性の高さだ。それに乗って走る快適さ、美しさは、理屈を超えて都市生活に豊かな実感をもたらしてくれる。何しろ、楽しくも使いやすい公共交通に乗る方が、個々に内燃機関を持ったパーソナル・ヴィークルを走らせるより、はるかに安全で効率的なのだ。むろん、地球環境にもやさしい。

これらは、オンデマンドで動く交通ネットワークや、適切な運行情報、乗り換えの駐車場情報といった、分かりやすく使いやすい公共交通サービスによって支えられている。

このデザイン力が重要だ。どんなITもインターフェイスとしてのデザインに魅力がなければ使い物にならない。デザインの魅力が、この結果を左右するのである。

緑も鮮やかな、芝生軌道を伴ったLRTの都市景観がそれを象徴する。

サイクルシェアのシステムは急速に全世界に普及しつつある（マルセイユ）

LRTとバスを主軸に公共交通を充実させているリヨン

この風景のインパクトは大きい。渋滞する車道をしり目に、緑のカーペットの上を静かにLRTが走り抜ける。まちが人間中心にシフトしたことが、誰の眼にも明らかとなり、その手応え、実感が、事業をさらに推進するのだ。

バスやLRTが公共交通の主軸になると、徒歩や自転車という、最も〝遅い交通〟の魅力が生きてくる。本来、まちのにぎわいの基本は、歩いて楽しむというところにあるのだ。歩くという行動は、人間の生命活動の根幹であり、生きているという実感に直結する。まちを楽しく歩くということは、世界の中で生きている自分を体感する行為なのだ。まちを歩くこと、歩きたくなるまちをつくること――都市の活力の源泉はそこにある。

だが、残念なことに、現代日本の状況は、そんな〝遅い交通〟がもたらす本来の豊かさ・可能性に、いまだに気付いていない。日本の地方都市は、カネはクルマが運んでくると思っていて、歩いて暮らすことで得られるメリットをほぼ見失っている状況だ。

まちづくりを実践する者としては、この価値観が実にもどかしい。

富山や鹿児島がLRTを導入し、ようやく日本も福井や札幌、宇都宮など、地方中核都市がこれらに続きつつある。超高齢化社会に間に合えばいいのだが。

# 日本の広場を求めての苦闘

篠原　修

「広場」は、西欧への憧れを代表する言葉だった。なにせ、ヨーロッパの民主主義を象徴する空間であり、遥かギリシャのアゴラ以来の輝かしい伝統に彩られたものであった。

一方、我が国の歴史には広場はなかった。わずかに「火除け地」という防火のための空間が江戸に設けられていた。上野広小路、両国広小路などがその代表例である。ここには水茶屋などが出され、庶民の集う「にぎわい空間」であったことが、広重の描く「名所江戸百景」などを通して知ることができる。しかしそれは西欧の広場ではなかった。西欧の広場は教会や市庁舎の前に設けられていて、市民が都市の自治や政治に深く関与する場所であった。ただ人が集まり、にぎわえばよいという空間では広場にはならないのだ。庶民はともかく、我が国の都市計画家はそう考えていた。

この状態は明治になっても変わらず、同じように江戸以前にはなかった「公園」ができた後にも広場はできなかった。戦争に負けて、占領軍であるアメリカによって日本にも「民主主義」がもたらされた。今こそ広場ができる時代である、都市計画家は好機至れりと考えた。なにせ我が国も民主主義の国になったのだから。その代表は、実質的に「都市計画学会」を立ち上げた石川栄耀だった。石川は、戦前から計画されていた新宿や渋谷の駅前広場を精力的に推進するとともに、新宿の歌舞伎町に劇場と対になった広場を計画し、麻布十番にも広場を計画したのだった。しかし歌舞伎町の広場は廃墟の如くの空間となり、麻布十番の広場も西欧流の広場にはならなかった。空間の形だけを追いかけても広場にはなり得ない。広場を成立させる社会的な基盤が存在しなければそれは無理である。

歌舞伎町や麻布十番の失敗とは対照的に、駅前広場は発展していった。都心と郊外を結ぶ交通の結節点となった新宿や渋谷は帰宅途上のサラリーマンの盛り場となり、次第に戦前からの繁華街である銀座や浅草、上野を凌ぐ存在となる。しかし日本政治の伝統は、やはり広場を好ましいものとは見ていなかった。新宿の西口広場は大学紛争の時代に、あっという間に「通路」とされ広場ではなくなった。そして未だに市庁舎の前に広場が計画されることはなく、市民もそれを要求したという例を聞かない。しかし渋谷のハチ公前の広場が、来日外国人にも評判になるにつれて（それは浅草の浅草寺に匹敵する東京の名所となっているという）、改めて日本の広場とは何かが問われ始めているのだと考える。都市計画家が追い求めてきた「広場」はどうやら実現しそうにもない。「広場を広場にする」のは都市計画家ではなく庶民大衆なのだから。今、いいか悪いかは別にして、日本の庶民大衆は西欧コンプレックスから脱しつつあるのだと思う。広場が「日本の広場」であって何が悪い。

ハチ公前の広場を見ていると、日本の広場は西欧の教会や市庁舎の広場の系譜上にはなく、どうやらマルッシュ（市場）の系譜上にある広場なのかと思う。このような活気と喧騒の広場的な空間は、戦後の「闇市」から連綿と引き継がれてきたことに気付く。そしてその伝統は江戸の「広小路」以来のなのだろうとも思う。

多くの広場を手掛けてきた都市設計家の小野寺康の苦闘も、奇しくもここまで述べてきた日本的広場を模索する歴史をトレースする形で展開してきたのだと思う。真摯であろうとすればするほど、設計家は歴史を背負わざるを得ないのだ。小野寺の駅前広場が、また温泉の広場が、あるいは参道の広場が「日本の広場」となりうるか否か、それは庶民大衆が「なにを広場とするか」によって決まっていくのだと思う。

最後に一言、筆者なりのコメントを加えれば、小野寺の広場は西欧模倣の広場ではなく、また庶民大衆に迎合した広場でもない。

# おわりに

国内外を問わず、様々な都市を旅する時、この世界はヴァーチャルではなく、リアルで生々しく、切ないほど美しい風景を基盤に成り立っていることを噛みしめる。

そんなクォリティを自分もこの地に造形したい――というのが、たぶん都市設計家としての原点になっている。

しかし、それは自らの名を歴史に刻みたいとか作品を残したいというのとは違う。むしろ礎になりたい。なぜなら、ここで目指すべき芸術性は、人間の思念の総体としての都市が時代の要請とともに築き上げ、洗練させてできた奇跡のようなもので、一朝一夕でできるものではないからだ。自身もまた都市の設計家として、社会の資産であり基盤であるものを創りたいし、そこに貢献したい。

だからかもしれない――自分が設計した現場を「作品」と言うのに抵抗があるのは。


そんな設計家が書いた本である。


本書が出版されることで何かが劇的に変わるだろうなぞということは微塵に思ってもいないが、それでも人はやれることをやるべきだし、その小さな積み重ねが少しずつ世界を創り上げ、未来をシフトさせていくのだと信じている。

この本を読んで都市デザインやまちづくりに興味を持ち、そしてその人が、自分もまたこの切なくも美しい世界を築く一助になるのだという、使命感を持ってその地に対峙してくれるとしたら、この本は出した意味があるのだと思う。

もちろん、私自身もまだ発展の途上であり、さらに飛躍する膂力《りょりょく》をつけなければならないのだけれど。


出版にあたって感謝の気持ちを述べるのは礼儀と思っていたが、実際に単著を書いてみて、本当にそうすべきものであるということを実感した。

まず、この出版を後押ししてくれた、エンジニア・アーキテクト協会（ＥＡ協会）の篠原修会長に感謝したい。解説文として過分な小論もいただいた。また、本書の取りまとめに際して寄せられた、タイトルや構成に対する適切なサジェッションのおかげで、本書は飛躍的に伝わりやすいものになった。

次に、この本のきっかけをくれたＥＡ協会ＷＥＢ雑誌の初代編集長である、二井昭佳さん（現在・国士舘大学准教授）にも御礼を申し上げる。巷に土木や都市デザインを対象とした教科書的な解説本はほとんどない。ならばＥＡ協会でやろうということで〈土木デザインノート〉シリーズがスタートしたのだが――

「ではそれを小野寺さん、おねがいします」

　二井さんは、そう表情を変えずに言うのであった。

「一年くらいでいいと思うんですよ」

　その顔には、（自分を編集長に指名した時なんでも協力するって言ったよね）と書いてあった。拒否できる状況でなかったわけだが、おかげで本書が生まれたわけである。

　また、本書を書くにあたっては、恩師・中村良夫先生（東京工業大学名誉教授）の言葉が常に頭にあった。

　師は、ご自身の最初の単著『風景学入門』（中公新書）を著した時、遺言書を書くつもりで書いたと言われた。そして、君もいつか本を出すのならそういう気概で書きなさい、とも。

　それがどういう意図だったのかはよく分からない。当時の自分はまだ駆け出しもいいところだったのだから。おそらく先生も覚えてはおられないだろうが、存外言われた方は覚えているものだ。その教えに従い、書いた。いや別に、今すぐ死ぬ気は全くないのであって、単にそういう気概であるということと、自分のような不器用者は、とてもではないが何冊も著作できそうもないということを言っている。

　そのほかにも、じつに多くの方々に直接・間接にお世話になってこの本はできたと実感している。日頃から設計業務でお世話になっている、多くの仕事仲間や行政担当者、学識者の方々、地元の皆さん、施工者や職人さんたち――彼らがいて今の自分がある。その結晶が本書であることは間違いない。

　そして、やや書き散らし気味だった私の〈土木デザインノート〉を、思い切りよく構成もろとも手直しを示唆してくださった、編集者の大塚由希子さんに心より感謝申し上げる。彼女のストレートな意見がなければ、この本はこの形でまとまることはなかった。

　最後に、仕事の上でどんなに辛く厳しい状況にあっても、いつも自分のことを信じ、明るく支えてくれている妻に、この本を捧げたい。

平成二十六年八月吉日

思いのほか涼やかな夏の夜風の中で

小野寺　康

著者略歴

**小野寺康**（おのでら やすし）

1962年北海道生まれ
東京工業大学工学部社会工学科卒業、同大学大学院社会工学専攻修士課程修了
アプル総合計画事務所を経て、1993年小野寺康都市設計事務所設立。現在に至る
1級建築士、技術士/建設部門

主な仕事
門司港レトロ地区環境整備（土木学会デザイン賞最優秀賞）
日向市駅 駅前広場設計
（建設業協会賞/BCS賞、都市景観大賞/都市空間部門大賞/土木学会デザイン賞最優秀賞）
道後温泉本館周辺地区（都市景観大賞/都市空間部門優秀賞）
津和野 本町･祇園丁通り（土木学会デザイン賞最優秀賞）
油津 堀川運河整備事業
（グッドデザイン特別賞/地域づくりデザイン賞、土木学会デザイン賞最優秀賞）
姫路駅北駅前広場および大手前通り（グッドデザイン特別賞/地域づくりデザイン賞）
女川駅前レンガみち周辺地区（都市景観大賞/都市空間部門大賞）
東京駅丸の内広場および行幸通り（グッドデザイン金賞）ほか

主な著書
『グラウンドスケープ宣言』（共著、丸善）
『GS群団奮闘記 都市の水辺をデザインする』（共著、彰国社）
『GS群団総力戦 新・日向市駅』（共著、彰国社）
『広場』（共著、淡交社）

**広場のデザイン** 「にぎわい」の都市設計5原則

2014年10月10日 第1版 発 行
2019年 6 月10日 第1版 第4刷

著作権者との協定により検印省略

著 者 小野寺康
発行者 下出雅徳
発行所 株式会社 彰国社
162-0067 東京都新宿区富久町8-21
電話 03-3359-3231（大代表）
振替口座 00160-2-173401

自然科学書協会会員
工学書協会会員

Printed in Japan



印刷：壮光舎印刷 製本：ブロケード

ISBN978-4-395-32028-8 C3052 http://www.shokokusha.co.jp